2つの「油」が世界を変える

―― 新たなステージに突入した世界穀物市場

JA総研研究叢書 1

薄井 寛 著

農文協

まえがき

　飽食の坂道を先に上ってきた私たち日本人は，この坂を上ってくる他の国の人びとに「逆戻り」を指示することはできない。農地や水といった食料生産に必要な資源には限りがあるが，それを理由に「爆食」は控えるよう新興国や後発国の人びとに要請することもできない。BRICsやNEXT11など人口が増え，豊かな食を求める国は次々に出現してきた。食料需給が逼迫するのは必然であり，輸出国の不作で穀物や大豆が高騰する確率は高まる。地球温暖化の影響で今後は「極端な高温や熱波，豪雨の発生頻度が増加する可能性は極めて高い」と予測されている（IPCC〈気象変動に関する政府間パネル〉，*Climate Change 2007: Synthesis Report*，November 2007，p.46）。気象変動幅の増大が食料生産の増減と価格の乱高下の幅をさらに拡大させかねないのである。

　にもかかわらず，比較優位論のもとで貿易自由化が推進され，わが国の農業は農畜産物の輸入増によって後退に次ぐ後退を余儀なくされてきた。カロリーベースの食料自給率は今や41％に落ちている。それでも，世界貿易機関（WTO）の進める農業貿易の自由化を支持する主張が展開されている。貿易自由化の先には食料の安定供給が保証されているかのような議論も聞かれる。しかし，WTO農業協定も世界の農産物貿易もそうした保証を確約するようなものとはほど遠い存在であり，実態にある。

　貿易を基本にすえて食料の供給や国際価格を安定させる仕組みはない。国境を越えて食べ物を分かち合うことが容易ではないことは，少しく歴史をふり返れば明らかだ。自国の食料は自らの努力で確保するのが国際社会の基本なのである。それだけに，今の食料だけでなく，将来の食料供給についても備えておかなければならない。それは，飽食の坂道を上りつめた私たちの国や世代の責務だといえる。

　本書は，そのような責務を自覚的に認識するために，食料・穀物の生産・貿易等の今日に至る歴史を浮き彫りにするとともに，今，起きている変化とその

背景を分析し，そこからみえてくる課題と今後について考える素材を提供しようとするものである．

そもそも現在の食料貿易体制は，2度にわたる世界大戦で穀物大増産を繰り返したアメリカの余剰農産物処理という歴史に強い影響を受け，同国の主導でつくられてきた．また大きな政府から小さな政府へ，経済のグローバル化へという流れのなかで，食料の貿易体制が，アメリカを本拠地にする一握りの穀物メジャーにフリーハンドを与え利益追求の場を提供し続けてきた．かかる文脈のもと，食料貿易のさらなる自由化の行き着く先では国際的な食料の奪い合いが起こりかねない．

このような危機意識のもとに本書は，"2つの油"の展開に焦点を当てた．トウモロコシやサトウキビなど，バイオ燃料の「油」の原料を供給する「燃料生産農業」は，今や穀物貿易に迫る規模へ成長し，他方，食の高度化，グローバル化の進展は，大豆「油」の消費を急増させている．"2つの油"が，世界の農業と食料貿易をかつて経験したことのない新しいステージに移行させようとしているのである．その意味と行き着く先は何なのか．オルタナティブは展望できるのか——．

本書は，第4章から第6章にかけ，中国の大豆輸入急増などの実態を詳しく検討して穀物メジャーのグローバル戦略を明らかにするとともに，そのような潮流に対抗・対峙する"アメリカ版地産地消"で強まる市民と農家の再接近など，食のローカル化という最新の動きについても追うこととした．第1〜3章では，穀物貿易の源流にさかのぼり，2度の世界大戦が穀物・大豆貿易に及ぼした影響等について考え，第4〜6章の因って来る歴史的構図を明らかにした．第1章からでも第4章からでも，どちらからでも読み始めることのできる構成とした．

以上，類書にみられない本書の特徴をあえてあげるとすれば，それは，戦争と農産物貿易とのつながりという時間軸から今をとらえ，2つの「油」の国際的な展開という空間軸から世界の農業と農産物貿易の今後を透視しようとする試みである．

本書をまとめるにあたっては，今村奈良臣東京大学名誉教授（JA 総合研究所所長）をはじめ，多くの方々にご支援とご指導を賜った。また，農山漁村文化協会の皆さんにはたいへんお世話になった。こころから感謝申し上げる。

2010 年 1 月

薄井　寛

目　次

まえがき　1

第1章　穀物貿易の源流を劇的に変えた2度の世界大戦 ‥ 11

1. 国際的な穀物貿易の開始　11
    - 農耕の発生と穀物貿易の原型　11
    - 穀物輸送の大量化をもたらした産業革命の人口爆発　13

2. イギリス穀物法の廃止とクリミア戦争　14
    - 穀物輸入を促進した穀物法の廃止　14
    - クリミア戦争でアメリカが穀物貿易へ初参入　15

3. 第1次世界大戦がもたらしたアメリカの穀物大増産と農業不況　17
    - 独立戦争の勝利によって進んだ西部開拓　17
    - 南北戦争中に農業振興の基盤を構築したアメリカ　19
    - 第1次世界大戦中の穀物大増産奨励策　20
    - 未曾有の農業不況へ暗転した戦時バブル　21

4. 第2次世界大戦でアメリカは再び増産へ　24
    - 農業不況からの脱出を図った生産調整策　24
    - 農業不況からの脱出を阻んだ"ダストボール"　26
    - 農業不況から再度の戦時農業バブルへ　28
    - 戦争直後の世界的な食料危機　30
    - 壊滅的なヨーロッパ諸国の農業生産　32

第2章　第4の「穀物」＝大豆をめぐる
　　　　　　　　戦前・戦後の国際構図 ‥‥‥‥ 37

1. 第1次世界大戦がもたらした大豆貿易の変遷　37
    - 満州の増産から始まった大豆貿易　37

ヨーロッパの大豆貿易の中心がイギリスからドイツへ　39
　　　グローバルな構図へ拡大した満州大豆貿易　40
　2. 第2次世界大戦でアメリカが世界最大の大豆生産国へ　42
　　　アメリカの大豆生産と搾油産業の発展　42
　　　連合国支援のために大増産されたアメリカの大豆　44
　3. 食肉消費増で「大豆油の時代」から「大豆粕の時代」へ　46
　　　戦後のアメリカ農業にとって特別な存在だった大豆　46
　　　戦争中から食肉消費を増やしたアメリカの社会　47
　　　人種・国境を越えて広がった食肉消費　49
　　　タンパク飼料原料として需要が急増した大豆粕　50
　　　食料援助物資へ転落した大豆油　53

第3章　アメリカ農業の戦後処理とWTOの帰結 ……… 59

　1. マーシャル・プランと公法480号　59
　　　余剰農産物処理が隠されていたマーシャル・プラン　59
　　　公法480号で本格的な余剰農産物処理へ　61
　2. EEC共通農業政策を黙認せざるを得なかったアメリカ　64
　　　EEC設立を支持したアメリカの事情　64
　　　ベルリン危機で外交を優先したアメリカ　66
　　　ガット・ディロン・ラウンドでCAPを追認したアメリカ　68
　3. 穀物ブームでアメリカは3度目の増産，そして農業不況へ　70
　　　穀物危機で急成長したアメリカの輸出　70
　　　ニクソン政権は国内事情を優先して大豆禁輸を断行　71
　　　穀物ブームで黄金時代を迎えた大豆も低迷期へ　73
　　　国際競争力の低下で陥った深刻な農業不況　75
　4. ブレアハウス合意と大豆問題　76
　　　ECとアメリカ間の大豆問題　76

ブレアハウス合意でも伸びなかったアメリカのEU向け大豆輸出　79

　5. 小さな政府とWTO農業協定で
　　　　　食料貿易のグローバル化を図るアメリカ　83

　　WTO農業協定のポイント　83
　　アメリカが戦後処理の総決算を目指すドーハ・ラウンド　84
　　食料貿易のグローバル化を図るアメリカ政府の思惑　85
　　穀物メジャーとアメリカ政府のグローバル戦略　87

第4章　アメリカ・南米農業国の競争と
　　　　　　多国籍企業の戦略 ………… 91

　1. 戦争を通じて台頭してきた穀物メジャー　91
　　5大穀物メジャーの誕生　91
　　第1次世界大戦の戦争特需で台頭した穀物メジャーの受難　94

　2. アメリカの余剰農産物の処理を通じて力をつけた穀物メジャー　98
　　「戦後処理」と穀物メジャー　98
　　ハイブリッド種子と穀物メジャー　101

　3. 穀物メジャーの世界戦略の始動　103
　　農政改革を求め始めた穀物メジャー　103
　　農政改革を求めた背景　105

　4. 穀物メジャーが進出した南米農業国　106
　　南米主要農業国の共通性　106
　　輸出国ベスト3に名を連ねる南米農業国　108
　　21世紀に入って急増した大豆の生産と輸出　110

　5. アメリカと南米農業国とのコスト競争　113
　　内陸輸送コストの削減が南米農業国の最大の課題　114
　　南米農業国の規制緩和と民営化で事業を拡大した穀物メジャー　116

6. アメリカ農業の課題と強み 119
   老朽化と拡張の問題に直面するアメリカの河川流通インフラ 120
   為替変動も競争力の重要な要素に 124
   アメリカの強みは財政力と情報力 126
   南北アメリカの両大陸で利益調整と相互ヘッジをかける穀物メジャー 128

第5章 2つの「油」と作物連鎖 ……………………… 133

1. 高付加価値産品が主役となった農産物貿易──変化の全体像 133
   穀物を大きく追い抜いた食肉の貿易額 133
   一握りの生産国に集中する品目別の輸出シェア 141

2. 「燃料生産農業」の新展開 142
   手厚い補助で急伸するアメリカのバイオエタノール生産 142
   サトウキビの半分をエタノール生産へ回すブラジル 145

3. 未経験のステージへ進む国際食料・飼料市場 147
   広がる「燃料生産農業」の影響 147
   輸出量を超えたアメリカのバイオ燃料用のトウモロコシ需要 150

4. バイオディーゼルとEUの油糧種子問題 153
   大豆製品の需給を逼迫させるEUのバイオ戦略 154
   農業国で拡大するバイオディーゼルの生産 157

5. 史上類をみない中国の大豆輸入の激増 159
   外資導入で世界の半分を占めるに至った中国の大豆輸入 160
   外資系企業の進出で疲弊する中国国内の搾油工場 163
   穀物メジャーの戦略を決める中国の消費動向 166

6. 人口大国の消費動向も重要なカギに 168
   BRICsとNEXT11──人口大国のほとんどが食料輸入大国 168
   大豆市場に与える人口大国の影響 170
   経済成長で急激に増える砂糖の消費 172

7. 強まる作物連鎖——穀物と大豆の作付け競争　173
　　穀物と大豆増産に"市場の力"が働かない背景　173
　　大幅増産の抑制要因——輪作体系,輸出国間の牽制,耕地制約　176
　　作物間の作付け競争を激化させるバイオ燃料用の原料生産　178

第6章　食のグローバル化からローカル化へ………… 183

1. 生産資源の制約——劣化が進む食料の生産資源　183
　　高コスト・環境保全による農地の面的制約　184
　　風食・水食・砂漠化による農地の質的劣化　186
　　伸び悩む生産技術開発　186

2. もう1つの制約　188
　　貿易の自由化のみを推進するWTO　188
　　懸念される食料価格の高騰　190

3. 市民と農家の再接近　192
　　アメリカで激増するファーマーズマーケット　193
　　CSAを通じた市民と農家による作物豊凶の共有化　195
　　相次ぐ食品汚染事件で高まった消費者の安全志向　196
　　食のグローバル化推進基地のおひざ元で生まれた食のローカル化　197

4. ホワイトハウスの菜園からスタートした
　　　　　　　　　「アメリカ版市民農園」の展開　199
　　「農務省市民菜園」の先駆け的なキャンペーン　199
　　市民意識の流れを先取りしたアメリカ政府の広報戦略　201
　　地域農業の維持・発展には市民の理解と支援が不可欠　203

5. 求められる21世紀の「新ローマ・クラブ」の提言　205
　　先送りは許されなくなる食料確保へのロードマップ策定　205
　　急がれる「90億人の食料確保シンクタンク」の立上げ　207

「JA総研 研究叢書」刊行のことば ……………………………… 214

図表目次

第1章
イギリスの人口と穀物輸入量の推移(1840〜1914年)……14
イギリスに対する各国の小麦輸出量(1848〜1902年)……16
第1次世界大戦(1914〜18年)前後のアメリカの小麦・食肉の輸出量……22
2度の世界大戦間におけるアメリカの農産物輸出額と主要穀物の生産……24
アメリカの第2次世界大戦中の穀物・食肉の生産と輸出……29
第2次世界大戦前後における小麦の主要生産国の生産量(1938〜49年)……31
フランスにおける穀物・ジャガイモ生産に及ぼした戦争の影響……33
ドイツにおける穀物・ジャガイモ生産に及ぼした戦争の影響……34

第2章
アメリカの大豆生産(1919〜39年)と大豆油の輸入量(1912〜39年)……43
アメリカの大豆および他の主要作物の収穫面積の推移(1950〜70年度)……47
アメリカにおける大豆・大豆油・大豆粕の価格(1939〜71年度)……51
アメリカにおける大豆油・大豆粕の需給の推移(1949〜71年度)……52
アメリカの公法480号(農産物貿易開発援助法)による主要品目別の食料援助額の推移
　　　　　　　　　　　　　　　　　　　　　　　　　　　　　　……54

第3章
第2次世界大戦開戦から終戦後におけるアメリカの穀物・大豆油の需給状況……61
アメリカの公法480号等による海外食料援助と農産物輸出額の推移(1954〜72年度)
　　　　　　　　　　　　　　　　　　　　　　　　　　　　　　……63
EUの大豆・大豆粕の国別輸入量の推移(2000/01〜2008/09年度)……81

第4章
カーギル社(Cargill Inc.)の概要……93
ルイ・ドレフェス社(Luis Dreyfus SAS)の概要……94
ブンゲ社(Bunge Corporation)の概要……95
ADM社(Archer Daniel Midland)の概要……96
アンドレ社(André Co.)の概要……97
1940〜60年代におけるアメリカの家族経営農家の減少……101
1940〜70年代におけるアメリカの穀物・大豆の単収の推移(年間平均)……102
南米の主要な農業4か国の概況……107
世界の主な農畜産物市場における南米諸国のシェア(2007/08年度)……108

アメリカ，ブラジル，アルゼンチンの大豆輸出量の推移……111
アメリカ，ブラジル，アルゼンチンの大豆生産費の比較(1998/99年度)……113
トラック，鉄道，バージによる輸送コスト等の比較……116
大豆輸出価格に占める輸送コスト等の比較(2000年)……117
南米農業国の大豆輸出競争力に関するスワット分析……120
アメリカ，ブラジル，アルゼンチンの大豆輸出価格の推移……124

第5章
世界の主な農産物輸出品目(輸出額上位10)の変化……134
世界の主な農産物輸出入国(貿易額上位15)の変化……135
小麦の5大輸出国・輸入国の変化(1995/96〜97/98年度平均と2005/06〜07/08年度平均との比較)……136
トウモロコシの5大輸出国・輸入国の変化(1995/96〜97/98年度平均と2005/06〜07/08年度平均との比較)……137
大豆の5大輸出国・輸入国の変化(1995/96〜97/98年度平均と2005/06〜07/08年度平均との比較)……138
牛肉の5大輸出国・輸入国の変化(1996〜98年平均と2006〜08年平均との比較)……139
鶏肉の5大輸出国・輸入国の変化(1996〜98年平均と2006〜08年平均との比較)……140
アメリカのトウモロコシの生産と利用(現状と予測)……150
世界の大豆生産の推移(1995〜2007年)……159
世界の主な油糧種子および油糧種子製品の生産量と輸出量(2007/08年)……160
世界の大豆輸入量の推移(1999/00〜2009/10年度)……162
BRICsとNEXT11の穀物等の輸入増……169
BRICsの大豆・大豆製品の需給実態(2007/08年度)……170
NEXT11の油糧種子・製品の需給実態(2007/08年度)……171
世界の油糧種子と大豆の収穫面積・単収……174
世界的な穀物価格高騰時におけるアメリカ，ブラジル，アルゼンチンの穀物・大豆の収穫面積(3か国計)の推移……175
世界の主要作物の収穫面積(1998〜2000年平均と2005〜07年平均の比較)……179

第6章
地球上の森林，灌木・草地，農地等の面積の増減(1987〜2006年)……184
アメリカのトウモロコシと大豆の単収の推移……187
アメリカのファーマーズマーケットの設置数……194
アメリカの消費者の食料品購入先(コロラド大学調査，2006年)……195

▶▶▶ 第1章

穀物貿易の源流を劇的に変えた2度の世界大戦

1. 国際的な穀物貿易の開始

農耕の発生と穀物貿易の原型

　人類の発展は，食料生産の歴史の賜であったともいえる。人類の農耕の開始は数万年前にさかのぼる。耕作や収穫の道具さえ十分にない時代から，食料生産の歴史は始まっている。家族や集落の仲間のために毎日食料を確保していく歴史には，人びとの血のにじむような努力と工夫が積み重ねられてきた。稲作や住居の遺跡などが，それを今に伝えている。人口が増えるに従い，人びとは穀物の生産を増やすために森林を田畑に開墾し，実りのよい種を選んでは収穫量を増やす努力を重ねた。

　集落が村へ拡大し，複数の村を支配する集団が生まれ，都市と農村が分かれる歴史が次に続いた。こうした歴史の延長線上にメソポタミヤやエジプト，黄河流域などの古代文明の発祥がある。古代文明が生まれた最大の要因は，農業技術の発展による余剰農産物の実現であった。農村の住民が，日々の食料を自ら生産する土地や技術をもたない都市住民へ供給できるだけの余分な食料を生産できるようになったことが，文明と文化の発展の礎になったのである。

　ヨーロッパでは城壁に囲まれた都市が誕生し，都市住民へ遠く離れた農村から食料を供給するという今日の穀物貿易の原型が，古代ギリシャの時代までに形づくられていた。『国際穀物貿易』（*The International Grain Trade*）を書いたミカエル・アトキンは，周辺に肥沃な農地を有しなかった古代ギリシャの都市国家アテネが「遠距離からの輸入穀物に大きく依存した最初の文明都市であっ

た」(1) と推測する。当時アテネの周辺では小麦を育てられる土地は限られ，市民が消費する穀物のほぼ半分を黒海の北に突き出たクリミア半島から買いつけていた。輸送船と船員をチャーターした商人がダルダネス海峡を通ってクリミア半島までの海路を進み，穀物を買いつけてアテネまで戻る―こうした海上輸送のルートが開発されていた。「穀物輸送船の航行を妨害した者はアテネ市当局が厳罰に処した」(2) といわれる。アテネ市民にとって穀物輸送航路は，まさにライフラインそのものであった。「紀元前400年代，アテネ市の人口は16万～20万人，奴隷人口が10万人を超えていた」(3) 時代である。

　古代ローマ帝国が大量の穀物を輸入せざるを得なくなったのは，紀元2世紀ころであった。首都ローマの人口が100万人に近づき，帝国内の耕地拡大も困難となった。しかし，穀物生産が減少へ転じても，帝国の権力者たちはローマ市民にパン（食料）とサーカス（娯楽）を無償で提供し続けた。市民が政治に関心をもたず，闘技場や競技場での享楽に夢中にさせておくためであった。当時のローマ帝国へ小麦などを大量に輸出したのがエジプトである。エジプトのアレキサンドリア港から船で運ばれた穀物は，紀元1世紀（42年）の段階で年間14万tに達していた(4)。「1200～1300tの規模の輸送船は時速3ノットほどのスピード」で穀物を運んだが，難破事故がしばしば起こり，ローマ帝国は「輸送船を建設し，6年間ローマへ穀物を運び続けた者にはローマの市民権を与えた」といわれる(5)。

　その後古代から中世，近世から現代に至るまで，穀物の貿易はさまざまな変遷を遂げながら続いた。しかし，ローマ帝国のように年間10万tもの穀物貿易が国境を越えて行われるようになるには，18世紀の産業革命まで待たなければならなかった。2つの事情があった。1つは，中世のヨーロッパでは天候異変による飢饉や黒死病（ペスト）の発生によって人口が大幅に増えず穀物の大規模な輸入需要が生まれなかったという事情である。2つ目は，輸送船の大型化や遠距離航行が困難であったため，穀物のようにバルキーな（かさばる）物資は長距離輸送の商品になり得なかったということである。

穀物輸送の大量化をもたらした産業革命の人口爆発

　1497年ヴァスコ・ダ・ガマが希望峰を通じたインドへの航路を発見し，これが契機となってヨーロッパ諸国は大航海時代へ移っていく。この時代にはアフリカやアジアのほとんどの国がヨーロッパの数か国によって植民地化され，資源と原料の供給基地となる被収奪の時代であった。アフリカからの黒人奴隷をはじめ，胡椒，象牙，紅茶，陶器，綿花など多くの資源と原料がアフリカやアジアからヨーロッパ諸国へ輸送された。当時の貿易では，穀物のようなバルキーな物資よりも，胡椒や象牙など，ヨーロッパに持ち込めば大金を稼げる商品が優先されたのである。

　穀物が重要な貿易商品として船舶輸送に載せられてくるのは，18世紀に入ってからであり，その発展には蒸気船の発明・開発が大きな役割を発揮した。1780年代から19世紀初めにイギリスやフランスで蒸気船が開発され，輸送船の蒸気化が穀物貿易の大規模化を進めたのである。ただし，穀物貿易の発展をもたらしたより重要な要因は産業革命と人口増大であった。1760年代から1830年代にかけて起こったイギリスの産業革命は毛織物や綿織物，機械等の工業生産を発展させて大英帝国の礎を築くことになるが，同時にロンドンやバーミンガムなどの都市への人口集中をもたらした。17世紀から18世紀後半まで続いた第2次エンクロージャー（農地の囲い込み）によって大土地所有と穀物生産の規模拡大が進められ，多くの小作農や農村住民が職を求めて都市へ流入した。都市の拡大は大きな食料需要を生み出し，これに応えるイギリス農業は高度集約的農業（high farming）を発展させて穀物と飼料用作物の生産を増やしたのである[6]。

　1750年のイギリスの人口は574万人，14世紀の黒死病の時代とほぼ同水準と推測されている[7]。これが1801年には830万人へ，1901年には3050万人へと，著しい勢いで増えた。図1-1はイギリスの人口と穀物輸入量の推移を示しているが，人口増を上回る勢いで小麦や大麦などの穀物が大量に輸入されていたことがわかる。19世紀中葉からイギリスの穀物輸入総量は100万tを超え，1890年代には900万tに達していた。900万tという輸入量は，現在の

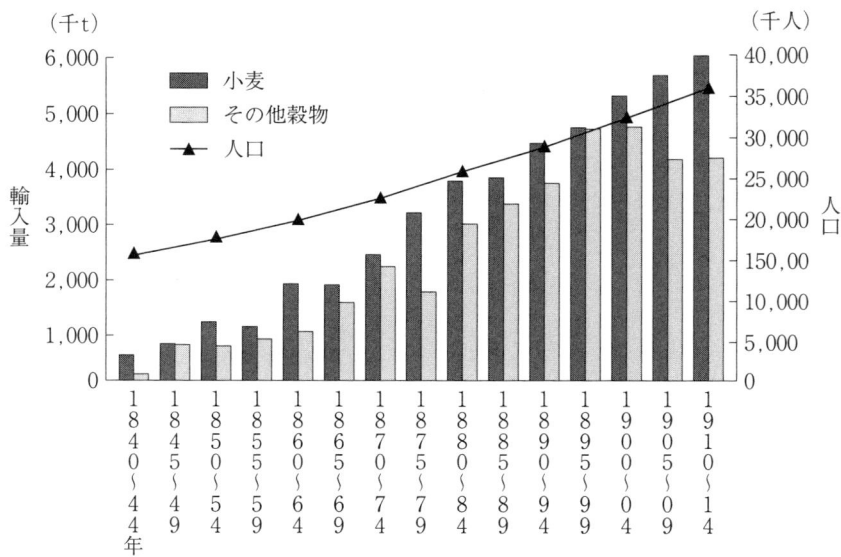

図1-1 イギリスの人口と穀物輸入量の推移（1840〜1914年）
資料：Michael Atkin, *The International Grain Trade*, Woodhead Publishing Limited, 1992, および B.R. Mitchell, *International Historical Statistics Europe 1750-2005*, Palgrave Macmillan, 2007 より作成。
注：イギリスの人口には，スコットランドとウェルズの人口が含まれる。

世界最大の小麦輸入国エジプトの輸入量約990万t（2008/09年度）にほぼ匹敵する量である。イギリスはすでに世界最大の穀物輸入国となり，これに次ぐのはドイツの400万〜500万tぐらいであった[8]。

2. イギリス穀物法の廃止とクリミア戦争

穀物輸入を促進した穀物法の廃止

このような輸入増には，1846年の穀物法廃止という政策の変更が影響した。イギリスでは，すでに18世紀の時代から主として穀物生産者の利益を守るために，穀物の輸出入を制限する穀物法が制定されていたが，こうした穀物法の存続か廃止かをめぐる"マルサスとリカードの論争"が行われたのは，法の廃

止より数十年前のことである。

『人口論』(1798年)を発表した経済学者のマルサスは,人口は25年間で倍になるが,食料生産の増加は人口増に追いつけないと考え,「人口は,制限されなければ,幾何級数的に増加する。生活物資は算術級数的にしか増加しない」と主張した(9)。その上で,最初の25年で食料を倍にできたとしても「その次の25年間に,生産物が4倍になると想像するのは無理だ。それは,土地の性質についてのわれわれの知識に反する。われわれの考え得る最大限は,第2の25年の増加は,今の生産力と同じだけがせいぜいだ」(10)と判断し,食料生産と農業保護の重要性を訴えて穀物法を支持したのである。

一方,国会議員でもあったリカードは,比較生産費の原則に基づく国際分業論を主張し,外国産穀物の輸入促進,そのための穀物法廃止の論陣をリードした。

国内の地主層は,マルサスを支持して穀物法を守ろうとした。産業資本家はリカードを支持し,安い外国産の小麦等を輸入して労働者の賃金抑制に生かそうとしたのである。この論争は,産業資本家による反穀物法同盟の組織化(1839年)へ発展し,1846年には穀物法が廃止された。「イギリスが穀物法を撤廃して,ヨーロッパ大陸における農業国から穀物を大量に輸入すれば,それと引き換えにイギリスの工業製品が,それらの諸国に大量に輸出されるようになる」とした資本家たちの主張が通ったのである(11)。

クリミア戦争でアメリカが穀物貿易へ初参入

イギリスでは1846年に穀物法が廃止されたにもかかわらず,その後約30年間,国内のパンの価格は安くならなかった。要因は2つあった。

1つは,この時期に他のヨーロッパ諸国が天候異変で穀物などが不作に見舞われたことであった。1845年ころから1850年代にかけて起こったヨーロッパの農業危機は,穀物価格を高騰させただけでなく,アメリカへの大移民の引き金になった。農業危機は,ジャガイモの腐れ病の広がりで深刻化した。ジャガイモを主食としていたアイルランドやドイツでは飢饉が発生し,アイルランドでは人口の20%,約150万人が餓死した。1854年までの10年間に300万人を

表 1-1 イギリスに対する各国の小麦輸出量（1848～1902 年）

(単位：5 年間平均，千 t)

年 (5年間平均)	ロシア	プロシャ	ドイツ	カナダ	アメリカ	アルゼンチン	インド (英領)	オーストラリア
1848～52	142	137	0	5	41	0	0	0
1853～57	132	152	0	15	147	0	0	0
1858～62	229	0	290	76	371	0	0	0
1863～67	411	0	325	46	229	0	0	0
1868～72	640	0	229	112	544	0	0	0
1873～77	457	0	188	168	1,087	0	127	71
1878～82	340	0	152	173	1,753	0	224	137
1883～87	406	0	91	127	1,300	15	518	152
1888～92	823	0	86	107	1,087	112	528	112
1893～97	833	0	41	168	1,524	391	234	102
1898～1902	229	0	36	335	1,920	472	305	193

資料：Michael Atkin, *The International Grain Trade*, Woodhead Publishing Limited, 1992, p.18 より転載（一部削除）。

超える小作人などが，新天地アメリカでの豊かな自作農を夢見て大西洋の荒海を渡ったのである[12]。

　2つ目の要因は戦争であった。19世紀後半に入りジャガイモ飢饉が収まってヨーロッパ大陸での穀物生産が回復すると，イギリスは再びヨーロッパ大陸からの穀物輸入を増やした（表1-1）。しかし，クリミア戦争（1854～56年）の勃発によって最大の小麦供給国であったロシアからの輸入が中断し，他の供給国を探さなければならなくなった。

　クリミア戦争は，イギリスやフランス，オスマントルコの同盟軍がロシアやブルガリア等と黒海のクリミア半島を主な戦場にして戦った大規模な戦争であった。ロシアの南下政策に反発するトルコをイギリス等が支援したが，最終的には戦勝国も敗戦国もない和平交渉で決着した。このクリミア戦争が，その後の穀物貿易に重大な変化をもたらした。イギリスがロシアに代わる穀物供給をアメリカに求め，アメリカの輸出量は20世紀初めにかけて150万～200万t近くまで急増していくのである。

　クリミア戦争はアメリカに穀物貿易へ初めて参画する好機を与え，同時に，

アルゼンチンやカナダ等の農業開発と穀物輸出を促進した。クリミア戦争を契機にした穀物貿易の国際的な展開には，イギリスの穀物法廃止も1つの要因となったが，この他にも次の3つの変化が大きな役割を果たしたと考えられる。

第1の変化は蒸気船の大型化であった。当時世界第1の海運国であったイギリスでは，1883年の段階で国内登録の蒸気船が6260隻に達し，積載トン数の合計（373万t）で帆船（351万t，1万8415隻）を追い抜いていた。その後20年ほどの間にドイツやオランダ等でも帆船は徐々に姿を消していったのである(13)。第2の変化は通信技術の飛躍的な発展であった。アメリカのサミュエル・モースが「モールス信号」の原理を発明した1833年から17年後の1850年には世界で初めての海底ケーブルがドーバー海峡に敷設され，その16年後には大西洋横断の海底ケーブルが完成した。穀物の生産・輸入需要・価格・輸送等の情報が瞬時に交換され，穀物貿易を急速に増大させたのである。そして第3の変化は穀物取引を専門とする商人の出現であった。船舶輸送や通信技術を積極的に活用したイギリスやオランダの穀物商人が，アメリカやカナダ，南米諸国へ事業を拡大していった。カーギルやブンゲ，ドレフェスなど，今日の穀物メジャーの創始者たちが活躍した時代である。現在の穀物貿易の源流は，クリミア戦争から発したともいえるのである。

3. 第1次世界大戦がもたらした　　　アメリカの穀物大増産と農業不況

独立戦争の勝利によって進んだ西部開拓

バージニア州など13のアメリカ植民地州がイギリスと戦ったアメリカ独立戦争（1775～83年）の重要な要因は，農業問題にあった。ミシシッピ川流域の領土権をめぐって争ったイギリスとフランスの戦争（フレンチ・インディアン戦争，1756～63年）でイギリスは勝利したが，その戦費を償うため，戦後イギリスはアメリカ植民地に対する課税を強化した。植民地の輸入紅茶に対する課税はその一環であった。これに強く反発したアメリカ人約50人がボスト

ン港に停泊中の東インド会社（イギリスの植民地経営会社）の船に乗り込み，紅茶を詰めた300個以上の木箱を海へ投げ捨てた。この「ボストン茶会事件」（1773年）は，大英帝国の不当な収奪に抗議して立ち上がった英雄的な抵抗運動として，アメリカ社会では今でも語り継がれている。

　しかし，13州は通商問題だけで独立戦争をしかけたわけではない。問題は開拓農地の限界にあった。新天地での自作農を夢見てアメリカ植民地へ渡るヨーロッパ人は急速に増えた。植民地の白人の総人口は，1700年の25万人が1770年には214万人を超えていたと推定されている[14]。18世紀の後半には13州の農地はほぼ開拓しつくされ，農地を取得できない移民たちの不満が強まっていたのである。当時の最も重要な作物は輸出用の葉タバコで，その98％以上がバージニア州とメリーランド州で生産されていた。1750年代から1760年代にかけてイギリスへ輸出された葉タバコの量は，年間330万ポンドから640万ポンドの範囲で増大傾向を示していたが，1770年代に入ると500万～550万tの水準にとどまり[15]，作付面積の拡大がほぼ限界に達していたことを推測することができる。

　一方，フレンチ・インディアン戦争に勝利したイギリスは，西部インディアン種族との毛皮交易を独占するため，アメリカ先住民族（インディアン）との「平和的な関係」の維持を優先して移民による西部開拓を制限していた。アメリカ13州は8年間にわたってイギリスと戦い，1783年のパリ条約で独立を勝ち取った。西部開拓の規制は全面的に撤廃された。ここからフロンティア開拓の歴史は始まる。独立を達成したアメリカ合衆国政府は，積極的に西部開拓を促進した。独立戦争に参戦した兵士や協力者に対する報償として開拓農地を分け与えるだけでなく，インディアンから奪い取った領地を開拓農地として移民へ切売りすることが新政府にとって重要な財源の1つとなったからである。1785年当時は1エーカー（0.4ha）当たり約1ドルで開拓地は販売されていたが，その後は徐々に引き上げられ，南北戦争（1861～65年）の前には2ドル前後まで値上がりしていた。なお，1830年代と1850年代のアメリカ政府の総収入（年間平均）はそれぞれ2130万ドル，4820万ドルであったが，このうち，

国有地の販売収入は735万ドル（年間平均総収入の約35％），460万ドル（同9％）に及んでいたのである(16)。

南北戦争中に農業振興の基盤を構築したアメリカ

西部開拓は進み，1850～60年の10年間に農地面積は2億9360万エーカーから4億720万エーカーへ増えた。農家戸数も145万戸から205万戸へ増え，トウモロコシと小麦を中心に穀物生産は順調に伸び続けた。クリミア戦争が始まった1854年，アメリカがイギリスへ輸出した小麦の量は22万tにすぎなかったが，その後1862年には輸出総量が初めて100万tを超え，1880年には400万tに達するほど大幅に増えた。19世紀末の段階で，アメリカはロシアに次ぐ世界第2位の穀物輸出国に登りつめていたのである。

アメリカ農業の輸出競争力の強化には，南北戦争が強くかかわっている。つまり，南北戦争が最初の農業革命をもたらすきっかけとなったのである。戦争によって基幹的な農業労働力が戦場へ駆り出され，女性と高齢者に任された農業の現場では機械化が一気に促進された。北軍と南軍合わせて220万人以上が参戦しており，当時の農家戸数（約204万戸）を考えると，戦争中は男性の農業就労者が激減していたものと推測される。

もう1つの変化は次に示す農業政策の基盤構築であり，これらはすべて南北戦争2年目の1862年に北部のリンカーン政権によって実行されたのである。

①**自営農家創設法**（ホームステッド法）　ホームステッド（自作農）法は，世帯主または21歳以上のアメリカ市民に対し，5年以上の継続的な耕作を条件として160エーカー（64ha）の土地を無償で与えた。これによって中西部等へ入植する移民は急増し，1860年の農家戸数204万戸は20年間で2倍に増え，50年後の1910年には3倍以上の637万戸に達した。

②**農務省**（USDA：United States Department of Agriculture）**の設立**　国内の農業生産増と自営農家の創設促進，農産物の流通・貿易等を推進・監督する機関が初めて設立された。設立当初の主な業務は，農業技術情報や統計等の収集，有益な植物・家畜の収集，土壌分析，植物学や昆虫学の専門家育成などで，営農普及センターの役割発揮から活動が開始された。

③**土地交付大学法（モリル法）**　農業大学や工科大学を各州に設立するため，合わせて30万エーカー(12万ha)の国有地がキャンパス用に無償で提供された。産学官連携の歴史はここから始まる。農業技術の改良と普及の支援等を担う州立大学が各州で設立され，150年前から現在に至るまでアメリカ農業の技術改革と農家への普及活動に積極的な役割を果たしてきたのである。

④**大陸横断鉄道法**　幅400フィート（約120m）の鉄道建設用地と，線路1マイル（1.6km）ごとに6400エーカー（2656ha）の土地が鉄道各社へ無償で提供された[17]。1869年には大陸横断鉄道が完成し，農産物や生産資材の流通・販売の大規模化が促進された。ヨーロッパ諸国への輸出拡大にとっても，鉄道輸送網の構築が大きな役割を果たしていくのである。

第1次世界大戦中の穀物大増産奨励策

南北戦争後のアメリカ農業は，特に農業機械化の進展によって穀物等の作付面積と生産量を大幅に伸ばし，19世紀後半にはヨーロッパ諸国への最大の食料供給基地へ発展していく。同時に移民の増加によって人口が急増し，国内の穀物消費も増え続けた。人口は1880年の5000万人が，1900年には8440万人へと驚異的な伸びを示した。ただし，穀物の生産は需要を上回る勢いで増えたために，市場価格は低迷した。そのため，1ブッシェル当たり平均82.6セントであった1880年代の小麦の農場渡し価格が，1890年代には68.6セントまで下落した[18]。20世紀に入っても価格低迷は続き，トウモロコシやオート麦も含め生産の伸びが頭打ちの状況に陥った。

ところが，1914年6月に勃発した第1次世界大戦がこの状況を一変させた。開戦当初，アメリカはモンロー主義を掲げ中立を宣言した。当時のウィルソン政権はメキシコでの親米政権樹立を狙って軍事介入の最中で，ヨーロッパの大戦へ参加する経済的な余裕もなかった。開戦直後からドイツは，イギリスの軍需物資の輸入を阻止するために潜水艦による海上封鎖を展開していた。ただし当初はアメリカなどの中立国の船舶には攻撃せず，事前警告も行われていた。しかし戦況が悪化した1917年2月，ドイツは無制限潜水艦作戦の行使を宣言した。その直後にアメリカは，潜水艦の旅客船攻撃を理由に参戦したのである。

1917年の8月，アメリカは「食料燃料統制法」を制定し，食料庁と穀物公社を設立した。食料庁は州政府を通じて，①食料の供給，流通，備蓄の管理，②食料の適切な流通の確保と，独占や買占めの禁止，③生産者や加工・流通・小売業との任意協定や営業許可制によって取引価格の抑制等，食料統制に対する権限の強化，を行った[19]。このようにしてアメリカ政府は，穀物の生産と流通に初めて介入したのである。また，食料燃料統制法の下でパンの上限価格が規制されることはなかったが，小麦の生産者の販売価格に対しては高めの最低価格が設定され，増産が誘導された。さらに，価格を引き上げて不当な利益を得る食品の製造・流通業者には，営業許可停止の圧力がかけられた[20]。

　農務省の技術普及員は，総動員態勢で農家へ作付増を奨励して回った。このような緊急政策によって，アメリカは国内の穀物生産を大幅に増やし，イギリスやフランスの同盟諸国に対する食料支援を強めたのである。緊急政策は大増産をもたらした。1917～19年に小麦の生産量は，1690万tから2590万tに増大したのである。

　一方，食料庁長官に任命されたハーバート・フーバー（1929年に第31代大統領に就任）は「食料で戦争を勝利する」と宣言し，食料消費を節約してヨーロッパの同胞へ食料を支援しようと国民に訴えた。全米の世帯主は「食料節約宣言カード」に署名するよう求められた。また，「小麦なしの月曜日」（月曜日には小麦粉のパンを食べない）や「食肉なしの火曜日」「豚肉なしの金曜日」といったキャンペーンも実施された。ウィスコンシン州グリーンレイク郡では主婦の100％が「宣言カード」へ署名し，同州のミルウォーキー市では80％の主婦が署名した。また，このキャンペーンを成功させるため，全米の小学校を通じ学童にまで署名させたと伝えられる[21]。「食の独裁者」と呼ばれたフーバー長官が断行した「節食奨励策」は食料消費量を15％も削減したのである[22]。

未曾有の農業不況へ暗転した戦時バブル

　敬虔なクエーカー教徒の鍛冶屋の家に生まれたフーバー長官の連合軍に対する食料支援は，人道主義に基づく美談としてアメリカ大統領府のホームページに紹介されている。しかしそれは農産物の輸出増をうながし，南北戦争以来の

表1-2 第1次世界大戦(1914〜18年)前後のアメリカの小麦・食肉の輸出量
(単位:千t)

年	小麦	食肉
1913	2,708	230
1914	4,732	215
1915	5,605	594
1916	4,193	591
1917	2,890	600
1918	3,026	1,113
1919	4,030	1,004
1920	5,941	496
1921	7,622	361
1922	4,482	337

資料:B.R.Mitchell, *International Historical Statistics The Americas 1750-2005*, Palgrave Macmillan, 2007より作成。

厳しい財政に困窮していたアメリカの貿易収支を大きく改善したのである。ヨーロッパの同盟国には,特に小麦と食肉が大量に輸出された。表1-2は,第1次世界大戦前の1913年から戦後の1922年までの輸出量を示している。戦前と戦後を比較すると,小麦の輸出は3倍近くに増え,食肉は4〜5倍に達した。

第1次世界大戦が始まった1914年,ヨーロッパに対するアメリカの輸出総額は14億8600万ドルであったが,終戦の1918年には38億5900万ドルに増えた。このうち,小麦の輸出額は5億500万ドル,食肉は6億6800万ドルを占めたのである。これほどの輸出増を実現したのは,フーバー長官の増産奨励策であった。「食料で戦争を勝利する」とのメッセージが発せられた翌年の1918年,小麦の生産は前年比46%増の2460万tに達し,大麦の生産も24%増えた。

小麦の農場渡し価格(全米の年間平均)は,1913年の1ブッシェル当たり79セントが1918年には2ドル5セントまで暴騰した。増産奨励として政府が設定した価格(2ドル)は最低保証価格であり[23],1919年には2ドル19セントに達した。この間に肉牛の価格もほぼ2倍へ跳ね上がり,全米の農業生産額は1913年の79億7800万ドルから1918年には2.2倍の179億1800万ドルに達した[24]。アメリカ農業は一気に戦時バブルの活況に沸きあがったのである。この間に農家が所有するトラクターと自動車の台数は,それぞれ1万4000台,25万8000台から,8万5000台,150万2000台へ激増したことからも,当時の戦時バブルの実態を想像することができるだろう。

しかし,バブルは長く続かなかった。第1次世界大戦は戦死者852万人,戦

傷者2100万人以上と[25]，敗戦国だけでなく，戦勝国にも膨大な犠牲者と深刻な経済損失をもたらした。そのため，戦争が終わると戦争特需は急速に縮減していく。その影響はアメリカの食肉輸出へ最初に現れた。終戦2年後の1920年には食肉の輸出が半分以下へ落ち込んだ（表1-2参照）。農家の畜産物販売現金所得は1914～18年の間に31億ドルから65億ドルにまで跳ね上がったが，3年後の1921年には39億ドルへ激減し，その後60億ドルに戻るには7年もかかることになる。国内畜産の低迷はトウモロコシ等の飼料穀物農家の経営を直撃した。トウモロコシの農場渡し価格は，1918年の1ブッシェル当たり1ドル52セントが終戦後3年目の1921年にはほぼ3分の1の52セントへ暴落した。ヨーロッパ大陸では多くの農場が戦場と化し，肥料などの農業関連産業が破壊されたために，主食の麦やジャガイモなどの生産回復に時間を要した。しかし，1920年代に入るとフランスやドイツ，イギリス等の食料生産は徐々に回復へ転じ，アメリカの小麦輸出は1921～22年の間に40％以上も落ち込んだ。

　穀物価格は終戦直後にピークに達したが，その後は10年以上にわたりピーク時の30～70％の水準で低迷していく。手取りの目減り分をカバーするために農家は作付面積を増やし，過剰生産が価格をさらに下げるという悪循環となった。1929年10月のニューヨーク株式市場の大暴落で始まる大恐慌よりも前に，アメリカ農業は未曾有の不況に陥ってしまったのである。その最大の原因は，第1次世界大戦後に需要が急激に減少したにもかかわらず，これを無視した生産増大をアメリカ政府は抑え込むことができなかったことにあった。

　図1-2に示されるように，アメリカの農産物輸出額は1920年の38億5000万ドルから1933年の5億9000万ドルの底に向けて落ち込み続けた。このうち，小麦の輸出は1922年の448万tから1935年の6000tにまで激減するが，全米の生産量はそれほど減らなかった。世界的な大恐慌はヨーロッパ諸国の穀物や食肉の輸入をさらに減少させ，農業不況に追い打ちをかけたのである。

　農業の戦時バブルは農業不況へと暗転し，1農家当たりの実質農業所得は1919～38年の間に1395ドルから668ドルへ半減した。第1次世界大戦中の増

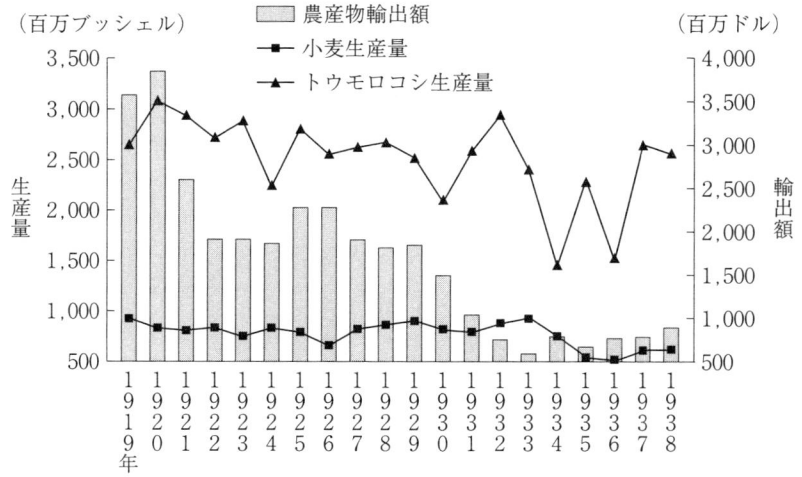

図1-2 2度の世界大戦間におけるアメリカの農産物輸出額と主要穀物の生産
資料：USDA, *Agricultural Statistics 1939* より作成。

産奨励にのって資金を借り農地を買い増した農家は，当てが外れた。中西部の穀倉地帯では中小農家の経営は破綻し，倒産・離農が相次いだ。特に，1929年の1年間だけで20万以上の農家が倒産した。開拓時代から毎年増え続けてきた農家戸数は，1934年の678万戸をピークに継続的な減少へ転じ，1938年には653万戸まで減ったのである。これが戦時バブルの結果であった。

4. 第2次世界大戦でアメリカは再び増産へ

農業不況からの脱出を図った生産調整策

　第32代目のフランクリン・ルーズベルト大統領は，大恐慌を克服するため1933年からニューディール（新規まき直し）政策の実施に踏み切った。独立以来アメリカ政府は，市場には介入せず，政府の支出を最低限に抑えるという，古典的な自由主義の経済政策を進めてきた。しかし，大恐慌から脱出するには政府自らが景気・雇用対策を積極的に実施しなければならないというケアンズ

理論を，ルーズベルト政権は初めて採用した。緊急銀行救済法やテネシー川流域開発公社等の大規模公共事業，民間資源保存局による雇用対策など，多くの新規事業に着手して経済の建直しを図ろうとしたのである。

　ニューディール政策の農業版としてルーズベルト政権が打ち出したのが，「1933年農業調整法」であった。アメリカ農政史上，最も重要で初めての総合的な農業法とみなされている。同法の下でつくられた農業政策の基本的な狙いや枠組みは，その後多くの変遷を遂げながらも，75年以上過ぎた現在にまで引き継がれている。アメリカ農政の源流は大恐慌の時代にさかのぼるのである。

　1933年農業調整法の最大の特徴点は，農家の生産と販売活動へ政府が直接介入するというところにあった。それまでの政府不介入と自由な競争という基本方針が，全面的に変えられたのである。同法によって実行された主要な政策は，①農家の購買力を適正な水準へ回復させるために，パリティー価格[26]指数を基礎にした穀物等の価格支持計画を創設する，②小麦などの過剰供給を削減するために①の価格支持計画の恩恵を受けようとする農家には生産調整を義務づけ，その見返りとして奨励金を支払う，③農産物の最低販売価格を設定し，不正な販売・加工事業を行う業者を市場から締め出すためにライセンス制度を設ける，というものであった。

　農家にとって最も重要な政策は，価格支持計画であった。この計画は，生産農家の販売価格を一定の水準に安定させ，農業所得を維持することで農業不況からの脱出を図ろうとしたものであり，ルーズベルト政権はこの具体策の実施機関として商品金融公社（CCC：Commodity Credit Corporation）を設立した。CCCには2つの重要な機能が付与された。

　1つは農家への融資機能である。この機能の仕組みは次のようになっている。パリティー価格指数を基礎にして融資単価（ローンレート）を主要作物ごとに設定する。これを基に融資対象作物[27]の担保価値が計算され，農家は穀物等を担保にしてCCCから9か月間の短期融資を低利で受ける。穀物農家を想定した場合，この融資を基に農家はその年の種子や肥料等を確保し，生産準備にとりかかる。多くの農家は経営規模が大きいがために，自己資金だけでは肥料

等を事前に買えず，融資が必要となる。収穫後には，従来のように農家が売り急ぐ必要はなくなった。市場の動向を見極め，有利に販売する。もし融資の返済時期に市場価格が融資単価を下回っていれば，農家は担保として差し出した穀物の現物で借金を返済する。「質流れ」にして元利返済義務を免れることができるのである。他方，市場価格が融資単価を上回っていれば，農家は担保物件を市場に販売して元利合計を返済する。

CCCの2つ目の機能は市場操作である。穀物の市場価格が融資単価を下回って推移すれば，農家は担保物件を「質流れ」にするためCCCの契約倉庫に在庫が増えてくる。そうなると市場へ出回る穀物等が少なくなり，価格は上昇へ転じる。ここでCCCは市場の動向を見極めながら，保有在庫を徐々に市場へ出し，価格が高騰しすぎないように市場操作を行う。価格が上がれば，農家は現金返済して穀物等を市場へ売る。販売量が増えるなら価格は再び下がって融資単価を割り込む。このような市場操作のサイクルによって，穀物価格は融資単価を軸にしてそれから大きく離れず安定して推移する。これがCCCの市場操作機能である。なお，保有在庫の放出によって市場を冷やしすぎないよう，在庫が増えすぎた場合には値引き輸出という形で開発途上国へ食料援助を行い，また国内の学校給食や福祉施設等へ余剰農産物を提供するなど，CCCは現在に至るまで重要な機能を果たしている。

生産調整を前提条件にした価格支持計画と農家への直接融資，CCCによる市場操作を組み合わせた1933年農業調整法は，穀物生産を大幅に削減した。アメリカ農政史上初めての生産調整は個々の農家の任意参加を基本に実施されたが，小麦とトウモロコシの生産量は翌年の1934年にそれぞれ27％，18％も減少した。しかし，その後干ばつなどの異常気象による大幅な減産で，生産調整を緩和せざるを得なくなった。これが再び作付増をもたらし1938年には過剰問題を引き起こすなど，1930年代のアメリカ農業は大きな混乱に見舞われ，農業不況から脱出できる兆しを見いだせないでいた。

農業不況からの脱出を阻んだ"ダストボール"

この時期に"ダストボール"がアメリカ農業を襲った。スタインベックの

『怒りの葡萄』(1939 年) に登場する大規模な砂嵐である。1930 年代にアメリカの大平原地帯（グレートプレーンズ）ではダストボールが頻発した。開拓者の農地や住居は強風で吹きつけられた大量の砂に埋まり，オクラホマ州やテキサス州などの農民はカリフォルニア州などの新天地を目指して大平原から脱出せざるを得なくなった。1930 年代の 10 年間に，その数はオクラホマ州だけでも 40 万人，大平原全体で 250 万人に達したといわれる[28]。

ダストボール発生の背景には，第 1 次世界大戦中の増産奨励策があった。穀物の大幅な生産増と輸出増という戦時バブルのなかで，新大陸に遅れて渡ってきた移民たちは，耕作条件の悪い地区でも競って入植せざるを得なかった。開拓時代の初期には"アメリカ大砂漠"と呼ばれ，農業に適さないとされていた大平原はいわば残された最後の大入植地であった。大平原への入植者は農耕馬を使って草地を開墾して生産増に励んだが，開墾前の表土を覆っていた雑草が耕作機械による毎年の深耕で失われ，農地は土壌水分を保つことが難しくなった。にもかかわらず，小麦価格の高騰で多くの農家は小麦の連作に走った。ヨーロッパから持ち込んだ輪作体系を守る余裕がなかったのである。そうしたなかで，乾燥した偏西風がロッキー山脈から東側の大平原に向かって吹き降り，吹き飛ばされた大量の表土が未曾有の砂嵐となって入植農家たちに襲いかかった。

砂嵐は，1933 年ころからサウスダコタ州やオクラホマ州などで頻発し始め，1934 年には強風で巻き上げられた砂塵が 2000 km 以上も離れたニューヨークやワシントンにまで飛んだ[29]。開拓された大平原の農地はダストボールによって"砂丘"と化し，多くの農場や地方都市は放棄された。ダストボールの総被害面積は，日本列島の面積 3779 万 ha を上回る 4000 万 ha にも及んだのである。1930 年代後半に入ってダストボールの発生は徐々に収まり，復興の努力が進められたが，農業不況からの脱出には結びつかなかった。1938 年には再び穀物の過剰問題が深刻化し，農務省は大規模な生産調整の実施を検討せざるを得なくなった。

ところが，1939 年 9 月ドイツ軍のポーランド侵攻をきっかけに勃発した第 2

次世界大戦（1939～45年）が，アメリカ農業をめぐるそれまでの状況を激変させた。穀物の生産調整は停止された。ヨーロッパへの輸出が急増して過剰在庫は解消し，増産奨励となった。第1次世界大戦に続いて，アメリカ農業が連合軍の食料供給基地になったのである。

農業不況から再度の戦時農業バブルへ

　第2次世界大戦勃発から18か月後の1941年3月，ルーズベルト大統領は「レンドリース法」（武器貸与法，1941～45年）を制定した。アメリカ空軍への基地提供などを条件に，イギリスやフランス等の連合国へ兵器や燃料，食料物資などを長期延払で供給する，アメリカは連合国側を本格的に支援する，との決意を内外に示したのである。1941年からの5年間に総額500億ドルを超える莫大な資金が投入された。援助物資の多くが航空機や輸送車，船舶であったが，食料も重要な支援物資であった。穀物などの支援は60億ドルを超え，アメリカの直接支援総額（420億ドル）の14％にも及んだのである[30]。

　また，1941年12月の日米開戦直後から，ルーズベルト政権は食料品や燃料，生活物資等の配給と，流通・価格統制などの戦時体制を敷き，多くの緊急政策を実施に移した。農業界にとって戦時体制は，農家の営農と販売活動に対する政府の広範な介入であった。例えば，トラクター等の農業機械の生産工場は「戦時生産委員会」による鉄板等の配給制限を受け，農畜産物の輸送についても「防衛輸送局」の規則に従わなければならなくなった。生産資材の価格は統制されたが，同時に農産物の生産者価格は議会と「価格統制局」の管理下に置かれた。

　しかしながら，開戦直前まで続いてきた農業不況から抜け出せるとの期待感から，食料増産の奨励策へ農家は積極的に参画した。特に生産増を強く刺激したのが，価格支持計画における融資単価（ローンレート）の大幅な引上げであった。1933年農業調整法で導入された融資単価は，当初パリティー価格指数の60％に設定されたが，これを90％に引き上げ，同時に飼料や肥料等の生産資材価格の値上げを厳しく統制した。

　この結果，表1-3に示されるように，1939～45年の6年間に小麦とトウモ

表1-3　アメリカの第2次世界大戦中の穀物・食肉の生産と輸出

(単位：小麦・トウモロコシ百万ブッシェル，牛肉・豚肉百万ポンド)

年	小麦生産	小麦輸出	トウモロコシ生産	トウモロコシ輸出	牛肉生産	豚肉生産
1938	919.9	115.8	2,548.8	34.4	6,685	5,995
1939	741.2	54.3	2,581.0	44.3	6,786	6,889
1940	814.6	40.6	2,457.1	14.8	6,948	8,246
1941	941.9	35.8	2,651.9	20.0	7,858	7,904
1942	969.4	33.4	3,068.6	5.2	8,592	9,234
1943	843.8	51.1	2,966.0	10.3	8,306	11,762
1944	1,060.1	56.7	3,088.1	17.1	8,801	11,502
1945	1,108.2	318.7	2,880.9	21.9	9,936	8,843
1946	1,153.1	367.4	3,250.0	128.7	9,010	9,234

資料：USDA, *Agricultural Statistics 1950* より作成。

ロコシの生産量はそれぞれ49.5％，11.6％増えた。しかし，輸出量は双方ともドイツ軍による海上封鎖によって激減した。小麦の輸出量は，1938年の1億1580万ブッシェルが1939年には5430万ブッシェルと半分以下になった。それでも過剰問題にはならなかった。輸出の減少を補って余りあるほど軍需用の政府調達が増大したためである。1939〜41年の間に政府が市場から調達した食料は，低級牛肉の80％，仔牛肉の30％，羊肉の35％，バターの30％，果物・野菜の缶詰の50％など，畜産物を中心に膨大な量に及んだのである[31]。

表1-3にある牛肉と豚肉の生産増の数値が，こうした政府調達の実態を示している。家畜用飼料の価格が抑えられ，消費は大幅に増えた。そのためトウモロコシが不足し，小麦生産量の9〜12％が飼料へ回されたほどである。食肉生産は戦前に比べて20〜30％も増えた。それに，戦争中はアルコールの生産や人造ゴム生産のために小麦が使われ，その量は多い年で290万t，生産量の6％を超えた。戦時体制の下では，過剰在庫が発生しない市場構造が保証されていたのである[32]。

一方，開戦後に農業労働力の減少が徐々に深刻化してきた。1940〜44年の間に14歳以上の農業就業者の520万人以上が兵役や軍需徴用で農村を離れたためである。当時の農家戸数は約600万戸であったから，1農家当たり1人弱

の農業就業者を失ったことになる[33]。このため、メキシコからの季節労働力が積極的に活用され、戦争捕虜まで駆り出された。終戦までにアメリカ本土には42万人を超えるドイツ兵やイタリア兵、日本兵の捕虜が500か所以上の施設で収監されていたが、穀倉地帯で収容されていた捕虜の多くは収穫作業等に動員されたのである[34]。

戦争直後の世界的な食料危機

1945年5月8日のドイツの無条件降伏、8月15日の日本のポツダム宣言受け入れによる無条件降伏で、6年間にわたった第2次世界大戦は終結した。戦火は止み、平和は戻った。そして戦勝国アメリカの農村が好景気に沸いていた。1930年代の農業不況などなかったかのように、終戦後も戦時バブルが続いていたのである。

一方、大西洋の西側に広がるヨーロッパでは、ほとんどの国が深刻な飢餓状態に陥っていた。戦争中に多くの国の麦畑や牧場を戦車が走り、敵軍の侵略を阻止するための地雷が農場にまで敷設された。多くの穀物畑や家畜の放牧地が戦場と化したのである。また、生産者は兵役に動員され、肥料や農薬の生産資材の供給は極端に減少した。海上封鎖による「兵糧攻め」でイギリスやフランスの連合国でも、ドイツやイタリアの枢軸国でも、戦争中から深刻化していた食料不足は終戦直後の混乱のなかでいっそう厳しさを増した。

表1-4は、戦前・戦後における小麦の主要生産国の生産量を示している。1938～49年の12年間に、継続的に生産を増やすことができた国はアメリカだけであった。カナダ、オーストラリア、アルゼンチンなど戦前からの主な輸出国も豊凶を繰り返し、生産は安定しなかった。第2次世界大戦開戦前の1938年と終戦の1945年を比較すると、最大の小麦生産国であったソ連は4080万tから1340万tへ3分の1に激減し、フランスは980万tから421万tへ、ドイツは625万tから380万t（1944年）へ、ほぼ半減した。戦後のヨーロッパ諸国の農業生産は、壊滅的な状況に陥っていたのである。

ちなみに、表1-4の日本の数値は米の生産量を示している。1945年には水害等の被害も重なって587万tと、戦前のほぼ半分の水準という凶作であった。

表1-4　第2次世界大戦前後における小麦の主要生産国の生産量（1938～49年）（単位：千t）

年	アメリカ	カナダ	オーストラリア	アルゼンチン	ソ連	フランス	イギリス	ドイツ	イタリア	日本（米）
1938	25,038	4,904	4,229	10,319	40,800	9,800	1,990	6,250	8,184	9,880
1939	20,166	9,798	5,729	3,558	−	7,300	1,668	4,956	7,971	10,345
1940	22,180	14,169	2,238	8,150	31,800	5,060	1,654	4,123	7,104	9,131
1941	25,637	14,701	4,537	6,487	−	5,580	2,032	4,285	7,070	8,263
1942	26,371	8,565	4,238	6,400	−	5,480	2,597	3,573	6,575	10,016
1943	22,969	15,133	2,986	6,800	−	6,380	3,490	4,341	6,510	9,433
1944	28,848	7,685	1,419	4,085	−	6,360	3,184	3,808	6,451	8,784
1945	30,154	11,290	3,876	3,907	13,400	4,210	2,209	−	4,177	5,872
1946	31,352	8,609	3,191	5,615	−	6,760	1,997	776	6,126	9,208
1947	36,985	11,202	5,991	6,664	−	3,270	1,693	505	4,702	8,798
1948	35,243	9,212	5,190	5,200	−	7,630	2,394	999	6,166	9,966
1949	29,882	10,380	5,939	5,144	(31,100)	8,080	2,237	1,065	7,073	9,383

資料：B.R.Mitchell, *International Historical Statistics The Americas 1750-2005, Europe 1750-2005, Africa, Asia,& Oceania 1750-2005*, Palgrave Macmillan, 2007, および日本統計協会『日本長期統計総覧　第3巻』1988年より作成。

注：ドイツの1945年の数値は残っていない。1946～49年の数値は東ドイツの小麦生産量。西ドイツの小麦生産量については、1946～48年までの記録はなく、1949年の小麦生産量は247万t。なお、ドイツでは小麦よりライ麦パンの原料となるライ麦が主要穀物であるが、その生産量は1938年の947万tが1942年には566万tへ落ち込み（1945年の統計なし）、1949年の時点では、西ドイツが331万t、東ドイツが235万tにしか回復しなかった。ソ連の1949年の数値は1950年の生産量。

終戦直前の食料配給量は1042kcalと計算されていた。終戦後の1945年10月、東京上野駅での餓死者は1日平均2.5人、大阪市の餓死者は同年8月60人、9月67人、10月69人を数えた[35]。11月1日には東京日比谷公園で「餓死対策国民大会」が開かれ、代表がマッカーサー連合国軍最高司令官を訪問して、大人1人1日当たり米3合の配給（白米1合150g）を実現するよう要請した[36]。欧米からは遠く離れた極東の日本においても、食料危機が広がっていたのである。

終戦から2年たった1947年においても、食料事情は改善されず、地方都市でも食料配給はしばしば滞った。その年の10月11日、佐賀県杵島郡の白石町で35歳の判事が極度の栄養失調で亡くなった。判事の山口良忠は「食糧統制法は悪法だ。しかし法律としてある以上、国民は絶対にこれに服従せねばならない。自分はどれほど苦しくてもヤミの買い出しなんかは全体にやらない」「食

糧統制法の下，喜んで餓死するつもりだ」との遺書を遺した(37)。水田が戦場とはならなかった日本でも，主食の米の生産が戦前水準（1937～39年の平均収穫量982万t，玄米）に戻るには15年もかかったのである（1955年に1210万t）。

　戦争直後の食料危機は，インドやアフリカ諸国などの植民地や開発途上国を含め，世界中で深刻化していた。しかし，穀物の輸出を短期間に増やすことは不可能であった。戦前までの穀物輸出を担っていた国でも，緊急に対応できるほどの生産や在庫を有していたわけではなかったのである。一方，戦争中に小麦の生産が大幅に増えたアメリカでも，国内の消費と軍事調達の両方が増えたため，1700万tを超えていた1942年の在庫量は1945年に760万tへ減っていた。しかしそれでも，終戦後の世界にはこれだけの在庫を保有している国がほかになかった。そのため，戦後直後から多くの国がアメリカからの食料援助と輸入を一斉に求め始めたのである。

壊滅的なヨーロッパ諸国の農業生産

　ドイツ降伏からほぼ1年がたった1946年の4月3～6日，「ヨーロッパ穀物供給緊急会議」がロンドンで開催された。同会議へ参加したフランス政府代表は次のように述べ，事態の深刻さをアメリカ代表へ訴えた。

　「（フランスでは1946年）8月までの4か月間，1日1人当たりパン300g(38)の消費を前提としても172万tの小麦が必要である。不足の113万tは輸入に依存せざるを得ない。1945年の収穫量が戦前平均のほぼ50％にしか達しなかったからだ。地雷が埋められている農地も少なくないし，捕虜もまだ農村へ帰っていなかった。供給が半減したのは小麦だけでない。食肉も植物油も砂糖も同様であった。

　1946年1月からパンの配給を1日300gへ減らし，飼料用の大豆粕やトウモロコシ，大麦をパンへ混入してきた。菓子等の製造は禁止した。しかし，配給の食料だけでは1日当たりのカロリー摂取が1300～1350kcalにしかならない。戦前の平均は3200kcalであった。こうした状況を踏まえ，フランスは本年4月から7月にかけて小麦113万tの緊急支援を要請する」(39)。

敗戦国ドイツの事情はさらに深刻であった。『1945年のドイツ　瓦礫の中の希望』を書いたテオ・ゾンマーは，「食料は配給制下にあり，配給があっても極めて制限されていたので，毎日1人当たり1200 kcal，時には800 kcalの日もあった」と記し，さらに「私たちは柵の代わりに使用されていた樹木の新芽や葉を搔ぎって食べた。2週間後には，あの樹木は骸骨のように枝を残していなかった」[40]とする，バード・クロイツナッハ収容所から解放された元ドイツ兵の話を報告している。

　さらに，1945年12月には，ドイツのアメリカ占領軍最高司令官であったクレイ将軍が，「毎日1500 kcalの配給を受けて共産主義者となるか，1000 kcalの支給を受けて信心深い民主主義者になるのか，ドイツ人はこの選択に迫られている」と，ワシントンへ打電し[41]，アメリカからの緊急食料輸送を要請したほど，事態は悪化していたのである。

　表1-5と表1-6は，第1次世界大戦と第2次世界大戦が戦勝国フランスと敗戦国ドイツの穀物とジャガイモの生産へ及ぼした影響を示している。両大戦の影響を単純に比較することはできないが，フランスにおいてもドイツにおいても，戦争中の生産量は戦前のほぼ70％から80％に減少し，終戦から5年がたっても生産量は戦前の水準に戻っていなかった。なお両大戦とも，終戦後におけるドイツの生産回復がフランスに比べて大幅に遅れたことが，表1-5

表1-5　フランスにおける穀物・ジャガイモ生産に及ぼした戦争の影響

（単位：千t，カッコ内は戦前を100とした場合の比率）

フランス	第1次世界大戦（1914〜18年）			第2次世界大戦（1939〜45年）		
	戦前5年平均（1909〜13年）	戦争中平均（1914〜18年）	戦後5年平均（1919〜23年）	戦前5年平均（1934〜38年）	戦争中平均（1939〜45年）	戦後5年平均（1946〜50年）
小麦	8,644 (100)	5,826 (67.4)	6,898 (79.8)	8,144 (100)	5,767 (70.8)	6,688 (82.1)
3麦	7,448 (100)	5,168 (69.4)	5,656 (75.9)	6,376 (100)	4,420 (69.3)	5,136 (80.6)
ジャガイモ	10,598 (100)	9,420 (88.9)	10,050 (94.8)	15,882 (100)	8,389 (52.8)	11,822 (74.4)

資料：B.R. Mitchell, *International Historical Statistics Europe 1750-2005*, Palgrave Macmillan, 2007 より作成。
注：3麦はライ麦，大麦，オート麦の合計。

表1-6　ドイツにおける穀物・ジャガイモ生産に及ぼした戦争の影響

(単位：千 t，カッコ内は戦前を 100 とした場合の比率)

ドイツ	第1次世界大戦（1914～18年）			第2次世界大戦（1939～45年）		
	戦前5年平均 （1909～13年）	戦争中平均 （1914～18年）	戦後5年平均 （1919～23年）	戦前5年平均 （1934～38年）	戦争中平均 （1939～44年）	1949～50年の平均
小麦	4,567 (100)	3,376 (73.9)	2,603 (57.0)	5,334 (100)	4,181 (78.4)	3,682 (69.0)
3麦	23,235 (100)	16,895 (72.7)	12,731 (54.8)	18,476 (100)	15,724 (85.1)	11,091 (60.0)
ジャガイモ	45,776 (100)	36,849 (80.5)	29,624 (64.7)	52,254 (100)	47,543 (91.0)	36,745 (70.3)

資料：表 1-5 に同じ。
注：3 麦はライ麦，大麦，オート麦の合計。ドイツの 1945 年のデータ，および 1946～48 年の東西両ドイツのデータは入手不可。そのため，戦後のドイツのデータ（東西両ドイツの計）は 1949～50 年の平均値とした。

と表 1-6 から推測することができる。例えば，第 2 次世界大戦後の 5 年間に麦類の生産量がフランスでは戦前の 80～82％へ回復したが，ドイツでは 60～69％の水準までしか回復していない。このようにヨーロッパ農業は戦争によって壊滅的に破壊され，戦後における世界の穀物需給はアメリカの輸出増に対する世界中の期待が強まるなかでスタートしたのである。

注と引用・参考文献

(1) Michael Atkin, *The International Grain Trade*, Woodhead Publishing Limited, 1992, p.12
(2) 同上（1）の p.12
(3) 桜井万里子・木村凌二『世界の歴史⑤　ギリシャとローマ』中央公論社, 1997 年, p.160
(4) 前掲（1）の p.15
(5) 同上（1）の p.16
(6) 染谷孝太郎『イギリス農業経済史序説』白桃書房，1985 年，p.146
(7) Julie Jefferies, *The UK population: past, present, and future*, Government of United Kingdom, p.3
（http://www.statistics.gov.uk/downloads/theme_compendia/fom2005/01_FOPM_Population.）
(8) B.R. Mitchell, *International Historical Statistics Europe 1750-2005* Palgrave Macmillan, 2007, p.438

(9) ロバート・マルサス，高野岩三郎・大内兵衛訳『初版　人口の原理』岩波文庫，1983年（第43刷），p.14
(10) 同上（9）の p.22
(11) 前掲（6）の p.109
(12) Paul W. Gates, *The Farmer's Age: Agriculture 1815-1860*, Holt, Rinehart and Winston, New York, pp.264-267 を参考とした。
(13) 前掲（8）の pp.720-722
(14) U.S. Department of Commerce, *Historical Statistics of the United States Colonial Times to 1970 Part 2*, 1975, p.1172
(15) 同上（14）の p.1180
(16) 同上（14）の p.1106
(17) 中屋健一『アメリカ西部史』中公新書，1986年，p.126
(18) 前掲（14）の p.512
(19) 馬場宏二『アメリカ農業問題の発生』東京大学出版会，1969年，p.299
(20) 同上（19）の p.300
(21) The U.S. National Archives and Records Administration, *Sow the Seeds of Victory! Posters from the Food Administration During World War*
　（http://www.archives.gov/education/lessons/sow-seeds/）
(22) The White House Web Site, *About the White House*
　（http://www.whitehouse.gov/about/presidents/herberthoover）
(23) ジェームズ・ボヴァード，小林・玉井ほか訳，小倉武一監修『アメリカ農政の大失策』（社）農山漁村文化協会，1993年，p.28
(24) 前掲（14）の p.483
(25) Almanac, *Atlas & Yearbook 1996*, Houghton Mifflin Company, 1996, p.389
(26) パリティという言葉には「同等」とか「平衡」という意味があるが，農産物のパリティ価格の考え方は，基準とする過去の一定期間において生産者の農産物販売価格と，生産者が購入する肥料等の生産資材価格との価格比率が現在においても実現されるよう，農産物の価格支持水準を設定しようとするものである。なお，1933年農業調整法で採用された5年間の基準期間（1909～14年）は，農産物価格と工業製品価格が，それまでのアメリカの歴史上最も安定し，かつ公平な関係にあり，アメリカ農業の"黄金の時代"であったといわれる。
(27) 1933年農業調整法は価格支持計画の対象品目として小麦，トウモロコシ，米，綿花，タバコ，牛乳・酪農製品，豚肉を指定した。その後，1934～35年にライ麦，大麦，グレイン・ソルガム，ピーナッツ，牛肉，亜麻，砂糖，およびジャガイモが加えられた。

(28) Internet Archive Prelinger Collection, *The Plow That Broke the Plains (Part One, Video)* (http://www.archive.org/details/PlowThatBrokethePlains1), Nancy A. Blanpied, *Farm Policy, The Politics of Soil, Surpluses, and Subsidies,* Congressional Quarterly Inc.1984 などを参考とした。

(29) USDA Education and Outreach, *Agriculture Counts: This land is our land,* pp.1-2 (http://www.nass.usda.gov/Education_and_Outreach/Lesson_Plans/index.asp)

(30) Encyclopedia.com, *The Oxford Companion to World War II, 2001, Lend-Lease* (http://www.encyclopedia.com/doc/1O129-LendLease.html)

(31) Wessels Living History Farm, *Farming in the 1940s: Exports and Imports* (http://www.livinghistoryfarm.org/farmingin the 40s/money_09.html)

(32) USDA, *Agricultural Statistics 1950,* p.15 および p.19

(33) Nancy A. Blanpied, *Farm Policy, The Politics of Soil, Surplus, and Subsidies,* Congressional Quarterly Inc.1984, p.107

(34) Wessels Living History Farm, *POWs Work the Fields,* p.1 (http://www.livinghistoryfarm.org/farmingin the 40s/money_04.html)

(35) 岸康彦『食と農の戦後史』日本経済新聞出版社, 1996 年, p.5

(36) 読売報知新聞 1945 年 11 月 2 日

(37) 山口良臣「なぜ父は餓死行を選んだか」『歴史と人物』1984 年 6 月号, p.68

(38) パン 300g は, 日本の 6 枚切り食パン 5 枚ほどの量。

(39) Centre Virtuel de la Connaissance sur l'Europe, European Navigator, *Preliminary Report of the French Delegation to the Cereals Conference, London, 3rd April, 1946.* (http://www.ena.lu/)

(40) テオ・ゾンマー, 山木一之訳『1945 年のドイツ 瓦礫の中の希望』中央公論新社, 2009 年, p.136

(41) 同上 (40) の p.351

▶▶ 第 2 章

第 4 の「穀物」= 大豆をめぐる戦前・戦後の国際構図

1. 第 1 次世界大戦がもたらした大豆貿易の変遷

満州の増産から始まった大豆貿易

　戦争が農業へ与えた影響は，穀物貿易だけにとどまらない。実際には，大豆の生産と貿易のほうが穀物よりも著しい影響を受けたといえる。小麦と米，トウモロコシが世界の 3 大穀物といわれるが，大豆は穀物とは違って，菜種やひまわり種子などとともに油糧種子に分類される。大豆のほとんどは食用油などの搾油用に利用されており，その搾り粕は家畜の餌に使われてきた。日本などの東アジア諸国では大量の大豆が豆腐や納豆など加工食品として消費されているが，世界全体では搾油用が 90% 以上と圧倒的な割合を占めている。また，大豆と大豆油等の大豆製品の貿易は，今やその量だけでなく金額においても穀物に劣らないほど増大してきた。いわば第 4 の「穀物」ともいえる大豆の生産と貿易の歴史を振り返ることは，世界の農産物貿易全体の今と今後を見通していく上で必要性が増していると考えられる。

　大豆という栽培植物の起源地は中国東北部とみられているが，中国南部という説もあり，定説はまだない。中国をはじめ東アジア諸国では古くから大豆を食料として消費し，また大豆油を食用や灯火用，滑車等の潤滑油として使ってきた歴史がある。

　19 世紀後半から 20 世紀初めにかけての近代史に，大豆の生産と貿易が登場してくる。満州の大豆生産が 19 世紀後半に大きく伸びたからである。この背景には主に 4 つの要因があったと考えられる[1]。1 つは満州の冷涼な気候と

農地が大豆生産に適していたこと，2つ目は古くから大豆は重要な食料とされ，特に大豆油は厳冬期のエネルギー摂取のために必要とされたこと，3つ目は中国国内の人口増によって満州へ移住する農民が増えたこと，そして4つ目は19世紀中葉までに中国南部の福建省や広東省などで発達したサトウキビのプランテーションを中心に，満州産の大豆粕を肥料として使う需要が増えたこと，であった。

さらに19世紀末から20世紀初めの時期に，満州の大豆生産増に拍車をかけたのが日本である。日本の明治時代は人口爆発の時代でもあった。1872（明治5）年の日本の総人口は3480万人であったが，1904（明治37）年には4613万人，1912（大正元）年には5000万人を超えた。こうした急激な人口増は，農業生産力の増大，経済発展に伴う国民の所得向上と生活の安定，医療などの公衆衛生水準の向上等によってもたらされた[2]。そのため，当時の日本にとっては，米や小麦などの穀物増産による国民への食料供給が国家的な重大課題であった。

また1890（明治20）年代には，国内の綿花生産が中国・インド産綿花の輸入増で衰退し，新たに養蚕が全国的に普及するという変化が日本農業に起こっていた。当時の日本では，イワシを中心とした魚肥（干鰯（ほしか））が主な窒素肥料であったが，イワシの不漁による魚肥の供給減と価格上昇が問題となっていた。こうしたなかで注目されたのが，満州の大豆粕である。日清戦争（1894～95年）の終わりころから，満州産の大豆粕の輸入が増え始めた。魚肥に比べて安価な大豆粕肥料が水田や桑畑などに投入され，その量は年々増大したのである[3]。

他方ヨーロッパでは，18世紀の産業革命の時代から人口が増え始め，1750年の2億300万人が150年後の1900年には4億800万人へ倍増した[4]。また，19世紀初めには食生活の改善が急速に進み，炒め物などの料理に使う植物油，とりわけ綿実油の需要が伸び始める。19世紀後半に入ると，イギリスやドイツでは植物油の搾油技術が開発され，20世紀初めには植物油の供給が重要な産業の1つに発展していた。

ヨーロッパへ原料の綿実を供給していたのが，アメリカ南部で発展した綿花のプランテーションであった。ところが，1907年に深刻な事態が発生した。

アメリカ南部の綿花畑でワタノミゾウムシ（boll weevil）の被害が広まり、綿実の生産量は588万tから498万tへ減産となった[5]。そのため、アメリカ南部での被害拡大を恐れたイギリスなどの搾油産業は、綿実に代わる原料の安定供給先を急きょ探し出さなければならなくなった。

そこでイギリスの搾油産業が目をつけたのが、満州産の大豆であった。このイギリスと満州を結び、満州産大豆のヨーロッパ向け輸出に先駆け的な役割を果たしたのが、当時の三井物産株式会社であった。さらに、日本の南満州鉄道株式会社（満鉄）[6]が満州の広大な産地から大豆を集荷し、大連港等へ輸送する事業で独占的な機能を発揮したのである。

1908年、三井物産は満州産大豆100tを初めてイギリスへ輸出した。一方、ドイツやフランスは大豆を油糧種子ではなく豆類とみなして輸入関税をかけていたため、満州産大豆の輸入ではイギリスに遅れをとることとなった。少なくとも1908～10年の間は、満州産大豆の輸入を急増させたイギリスが、ヨーロッパにおける大豆油と大豆粕の貿易で独占的な地位にあった。1910年代の初めにイギリスは年間1万4000t以上の大豆油をオランダやドイツ、アメリカ等へ輸出し、飼料用の大豆粕は、酪農がすでに発展していたデンマークなどの北欧諸国へ輸出していたのである。

ヨーロッパの大豆貿易の中心がイギリスからドイツへ

1908年から1910年にかけ、イギリスの搾油産業は満州産大豆の一大加工センターとなった。しかし、1911年から1913年にかけてイギリスの大豆搾油量が急激に減少した。第1次世界大戦（1914～18年）の勃発を前に、ヨーロッパにおける大豆加工の中心がイギリスからドイツへ移ったのである。これは、ドイツが1910年に大豆の輸入関税を引き下げるとともに、大豆の圧搾および油精製の新たな技術を開発したために、競争力が飛躍的に高まったことによる。1913年にはドイツの大豆油の生産量が2万tに達し、ヨーロッパにおける大豆油生産のほぼ50％を占めるまでに至ったのである。

しかし、1914年に第1次世界戦争が始まると、ドイツはイギリスの海上封鎖によって大豆等の原料輸入をほぼ全面的に遮断された。ドイツは1913年に

大豆油などの植物油と油脂の貯蔵を増やして戦争に備えたが，戦争の長期化で備蓄は枯渇した。植物油や油脂の不足が敗戦の一因になったともいわれる[7]。

　戦争が終わると，戦勝国のイギリスでも敗戦国のドイツでも搾油産業の復興が遅れ，満州と日本から大豆油の輸入を増やさざるを得なくなった。1922年，ヨーロッパ諸国の大豆油の輸入量は7万2500tを超え，戦前の大豆油の生産量の2倍近くに増えた。輸入量はその後も増え続け，1927年には10万2500tのピークに達した。しかしその後，ドイツなどの搾油工場の再建が進み，ドイツやイギリスは原料としての安価な満州産大豆の輸入を再び増やすこととなった。1929～33年の間，ヨーロッパが輸入した大豆油の量（大豆換算）は，大豆の輸入量の20％以下に激減したのである[8]。

　第1次世界大戦後の復興期に，ドイツの搾油産業は著しい成長を遂げた。大戦前の1913年ドイツの大豆輸入量は11万tに増えていたが，戦争が終わって4年がたった1922年に至ってもまだ2万tにも回復できなかった。しかし，ドイツ政府は搾油業を戦後復興の重要産業として位置づけ，輸入大豆油に高率関税をかけて国内の搾油産業を保護したため，1928年には大豆輸入が85万9000t，1932年には119万7500tへと激増する。その結果，1932年にドイツの大豆油生産は18万8000tのピークに達した。この間ドイツは大量の大豆油と大豆粕をヨーロッパ諸国やアメリカへ輸出し，獲得した外貨は国内経済の復興に大きく貢献したのである。そして1930年代初めには，ドイツが大豆の輸入においても搾油量においても，世界第1位の地位へ成長していた。その輸入量は110万tを超え，第2位の日本（1931～35年の年間平均輸入量69万t）[9]を大きく引き離していたのである。

グローバルな構図へ拡大した満州大豆貿易

　一方，第1次世界大戦の勃発でヨーロッパから大豆油を輸入できなくなったアメリカは，日本と満州からの輸入を増やした。

　アメリカでは，1910年ころから大豆油の輸入が始まり，1914年までは日本からの輸入が中心であった。初期の輸入量は1万tに達していなかったが，1914年に第1次世界大戦が勃発すると，特に輸送方法の改善が進んだ満州か

らの輸入を増やした。1918年には，満州と日本からの輸入量が18万tを超えるに至った。

このようにアメリカが大豆油の輸入を急増させた背景には，①国内の綿実生産がワタノミゾウムシの被害拡大で減少し，価格が高騰したこと，②戦争で大豆油の供給がほぼ全面的にストップしたイギリスやフランスの連合国に大豆油の輸出を増やしたこと，③爆薬製造の原料（ニトログリセリン）を生産するため大量の大豆油が使われたこと，などの事情があった。

一方日本国内では，第1次世界大戦以前から神戸を中心に搾油産業と関連加工業が発達していた。1914年に戦争が始まるとドイツの大豆油輸出が止まり，ドイツに代わって増大するアメリカの需要に日本と満州が応えることとなった。第1次世界大戦の戦争特需で日本の搾油産業は急成長を遂げる。1919年までに神戸では25の搾油工場が稼働し，満州産大豆の輸入量は1911～15年の年平均31万tから1921～25年の55万t，1931～35年の69万tへと急増したのである[10]。

日本の米の増産も影響した。肥料としての大豆粕の需要が増大したのである。1917年に米が不作となり，米価高騰が引き金となって1918年には米騒動という事態に発展した。白米1石（約150kg）当たり12～13円であった1916年の米価が，1918年には40円にも跳ね上がった。この年の7月，富山県の魚津漁港で起こった漁民の女性十数名による"米の船積み中止要請"の行動が，2か月ほどの間に全国各地の米騒動へ発展し，当時の寺内内閣が辞職するという事態に発展した[11]。米騒動が大豆粕のさらなる輸入増へつながっていったのである。

「大豆および大豆油のヨーロッパ向け輸出と，日本向けの大豆粕輸出」という満州大豆産業の初期の構図は，第1次世界大戦とその後の復興期を通じて，「大豆および大豆油のヨーロッパ向け輸出と，日本向けの大豆・大豆油・大豆粕の輸出，そしてアメリカへの大豆油の輸出」というグローバルな構図へ拡大した[12]。満州に進出した日本の大豆産業と輸出企業が"黄金時代"を迎えたのは，この時期である。しかし，1920年代後半には"黄金時代"にかげりが

生じてくる。そこには窒素肥料としての大豆粕をめぐる情勢の変化があった。1910年代に入ると，日本国内では化学肥料，とりわけ窒素肥料の硫酸アンモニア（硫安）が普及し始めた。空中窒素固定法によって生産される硫安の消費増で，大豆粕の需要が減少へ転じたのである。第1次世界大戦の前に日本はイギリスから数万tの硫安を輸入していたが，戦争勃発で輸入が途絶え，これがきっかけとなって硫安の国内生産が開始された。安価な硫安に押され，満州からの大豆粕輸入は1926年をピーク（145万t）に減少へ転じ，1932年には75万t，1940年の戦時中は20万～30万tに落ち込んだ[13]。

2. 第2次世界大戦でアメリカが世界最大の大豆生産国へ

アメリカの大豆生産と搾油産業の発展

1920年代中葉までのほぼ二十数年という短い期間に，日本とドイツが満州大豆の生産を急増させ，ドイツを中心にしたヨーロッパと日本・満州の東アジアが世界の2大搾油センターとして著しい発展を遂げた。しかし，1930年代にはこれら2大センターの黄金時代が崩壊の道へ突き進むこととなる。

第1次世界大戦を挟んでめまぐるしく変化した大豆貿易は，1931年の満州事変を境に再び大きく変化した。アメリカが1930年代に大豆生産を急速に増やし，1942年には中国と「満州国」を抜いて世界最大の大豆生産国へ躍り出たのである。

当初アメリカは，関税ゼロで満州からの輸入を増やし（図2-1），満州産大豆油（粗製油）の精製基地として発展を始めた。しかし，国内で徐々に増えてきた大豆生産を保護するため，1922年の緊急関税法から大豆と大豆油に輸入関税をかけ，さらに大恐慌の最中に制定された「ホーリー・ストーム関税法」（1930年）によって関税が大幅に引き上げられた。大豆油の輸入関税は1ポンド当たり2.5セントから3.5セントへ上がり，1931年以降の輸入は激減する。大豆油の市場価格が年間平均で4.62セントであったから，3.5セントの関税は輸入禁止措置に等しい水準であった[14]。

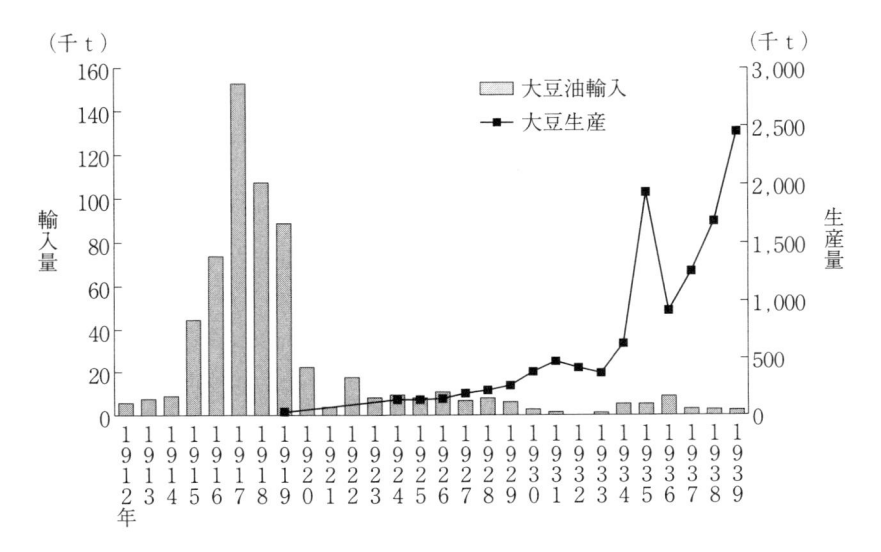

図2-1 アメリカの大豆生産（1919～39年）と大豆油の輸入量（1912～39年）
資料：USDA, Agricultural Statistics の1939, 50各年度版より作成。

ところで，アメリカ農業の歴史のなかでは，大豆は比較的新しい作物の1つである。1763年に中国から最初に持ち込まれたという歴史はあるが，アメリカの大豆生産には日本がかかわっている。日本からの2つのルートで大豆の種がアメリカへ運ばれた。1つは，1850年にアメリカの船に救助された日本人の遭難漁船員が，壊血病を回避するために漁船に持ち込んでいた「もやし」用の大豆をアメリカ側へお礼の品として渡し，これがイリノイ州へ運ばれ初めて栽培された，というルートである。2つ目は，1854年に日本遠征から帰国したペリー提督が，日本で収集した2種類の大豆を植物遺伝資源局へ提供した，というルートであった[15]。

当初は，一部の農家が牧草や緑肥として大豆を試験的に栽培していた。イリノイ州などでは大豆が「にほんまめ」と呼ばれた時期もあったが，その後100年ほどの間に，アメリカ農業界では「奇跡のまめ」「驚異のまめ」「シンデレラ・クロップ」とまで称賛される重要な商品作物へ発展した。

アメリカにおける大豆生産と搾油産業の初期の発展経過について，ソイイン

フォセンターの情報(16)等を参考にその概要をまとめると，次のように整理することができる。

①アメリカ農業の公式統計に大豆の生産量が初めて登場するのは，1919年の3万tである(17)。その後はアメリカの搾油産業の発展とともに生産が急増した。

②1922年，アメリカの搾油工場の第1号(ステイリー社)がイリノイ州のディケーターに建設され，340tの大豆油生産で事業をスタートした。しかし原料の大豆が不足し，同社は1ブッシェル（27.2kg）99.75セントの買取価格で農家へ契約栽培を呼びかけた。当時の小麦価格などに比べて破格の高値であった。こうしてスタートした大豆生産であったが，その生産量は1925年の13万3000tから，10年後の1935年には14.5倍の193万tにまで激増したのである。

③1930年代に入ると，石けんやニス，ニトログリセリン，フォード車の塗料，インク等の原料として大豆油の需要が増え，植物油市場における綿実油や亜麻仁油のシェアは後退した。それと同時に大豆油の精製技術が改善され，マーガリンやショートニング，サラダ油の原料など，食用油の消費割合が1930年代中葉に高まり，1936年には84%に達した。

④1930年代に大平原地帯で頻発した大規模な砂嵐と1933年農業調整法も，大豆作付増を後押しした。土壌保全対策として小麦と大豆の輪作が奨励され，農業調整法によるトウモロコシなどの減反で飼料原料としての大豆粕の需要が高まったのである。

連合国支援のために大増産されたアメリカの大豆

1920年代中葉からアメリカの大豆生産は年々増大の一途をたどるが，他方では満州の大豆産業が崩壊の道を歩むこととなる。アメリカのホーリー・ストーム関税法によって，第1次世界大戦前から急増していた満州と日本からの大豆油輸入は激減し，日米開戦1年前の1940年に輸入は止まった。また，水田や桑畑の重要な窒素肥料として大量の大豆粕を利用していた日本の農家も，1930年代の農業恐慌に見舞われ，すでに化学肥料の硫安よりも割高となっていた大豆粕肥料の投入を大幅に減少させたのである。

19世紀末からの数十年間に，満州大豆産業は日本向けの大豆粕輸出から始まり，ヨーロッパとアメリカへの輸出拡大を通して著しい発展を遂げた。しかし，満州事変から第2次世界大戦終結までの14年間で崩壊した。

　そしてアメリカが，大豆，大豆油および大豆粕のすべての世界市場において，世界最大の生産国に躍り出ることとなった。大豆の生産では中国（満州を含む）を一気に追い抜き，大豆油と大豆粕の生産ではドイツと日本の産業が崩壊して，アメリカの独壇場となったのである。

　1941年の日米開戦まで，アメリカはフィリピンや太平洋諸島からココナッツ油やパーム油を輸入していた。この輸入量は，国内の植物油需要のほぼ3分の2に達するほどであった。しかし，東南アジアへ日本軍が侵攻し，輸入は止まった。アメリカは，1941年12月の日米開戦直後から，食料品や燃料，生活物資等の配給，流通・価格統制などの戦時体制を敷き，多くの緊急政策を実施に移した。その1つが「レンドリース法」（武器貸与法）に基づく連合国支援のための大豆増産計画であった。

　1942年，アメリカ農務省は「大豆と戦争：勝利のために大豆を増産せよ」と題する緊急ビラを全米の生産農家へ配布し，次のように訴えた。

　「合衆国連邦政府の農務省は，戦争に勝利するため大豆油を必要としている。極東の戦争で輸入が途絶えた10億ポンドの油脂を補わなければならない。同時に，わが同盟国は10億ポンド以上の油脂を今年中に配送してくれと要請してきた。900万エーカー（364万ha）の大豆作付面積が必要となる。忘れないでほしい。自由の敵を殲滅しようとするアメリカを大豆の増産が救うのだ」[18]。

　政府の呼びかけに，大豆の生産農家は驚異的な反応を示した。1942年の大豆作付面積が前年より1.7倍も増えて400万4000haに達し，1943年には420万8000haを超えた。農務省が訴えた364万haの目標を大幅にクリアしたのである。1942年の大豆の生産量は，政府の大号令によって前年比75％増の510万tに達し，その後の3年間も517万〜522万tの大増産が続いた。1940〜45年の間，大豆の農場渡し価格は年間平均で1ブッシェル当たり90セントから2.08ドルと，2倍以上に値上がりした[19]。こうした大豆の大増産も，ア

メリカ農業の戦時バブルの大きな部分を占めていたのである。

3. 食肉消費増で「大豆油の時代」から「大豆粕の時代」へ

戦後のアメリカ農業にとって特別な存在だった大豆

　1945年8月15日，日本のポツダム宣言受託，無条件降伏で第2次世界大戦は終結した。戦争は多くの国の国土を焦土と化した。何億人もの市民が戦争の恐怖に続いて餓死の危機におびえさせられるなか，アメリカだけがただひとり無傷で残り，世界最強の経済力と軍事力を有する国となっていた。農業の世界でも同じであった。戦争によってヨーロッパ農業は破壊され，空腹を抱える世界各国の国民に食料を提供できるのはアメリカしかなかった。しかし，「世界のパン籠」のアメリカから穀物を買える国もなかった。

　戦後のアメリカ農業は戦争中からの大増産に急ブレーキをかけられず，長期間にわたって過剰供給と余剰農産物の処理という課題を引きずることになるが，戦後のアメリカ農業において大豆は特別な存在であった。大豆の増産は続いたのである。それには主に3つの要因があった。

　第1の要因は，図2-2に示されているように，1950～60年代に小麦やトウモロコシ等の過剰穀物の減反が実施され，その代替作物として大豆の作付けが増大して生産が定着化したということである。1946～50年の5年間と，20年後の1966～70年の5年間における小麦の収穫面積の年間平均を比較すると，3100万haから2310万haへ25％以上も減少し，トウモロコシの収穫面積は3470万haから2700万haへ28％の削減であった。もし代替作物の大豆が存在しなかったなら，アメリカは戦前を上回るような農業不況に陥っていたかもしれない。

　2つ目の要因は，大豆油の需要増と大豆油を使った加工産業の拡大にあった。アメリカでは大豆油のさまざまな加工食品等の開発が戦前から進んでいたが，戦後においてもマーガリンやショートニングへの加工需要が増え続けた。さらに他の先進諸国でも大豆の搾油産業や加工産業が回復・発展し，アメリカから

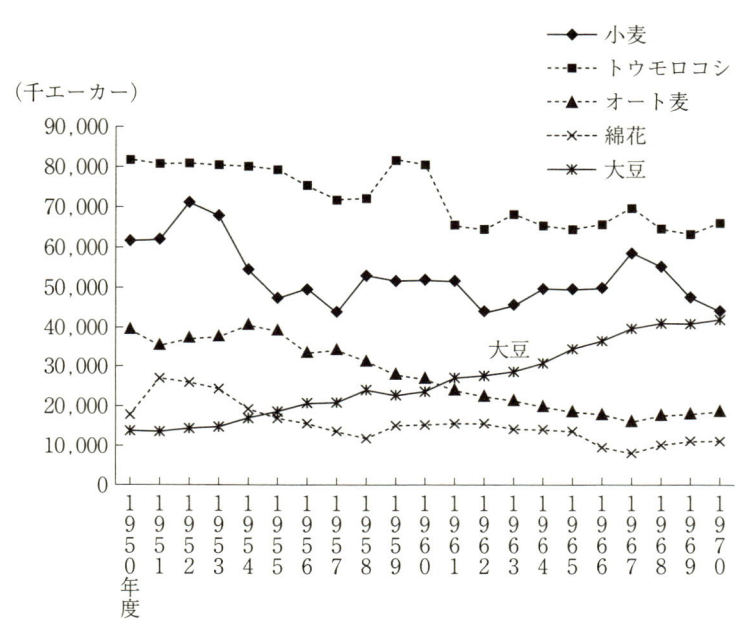

図2-2　アメリカの大豆および他の主要作物の収穫面積の推移
（1950〜70年度）

資料：U.S.Department of Commerce, *Historical Statistics of the United States, Colonial Times to 1970 Part One*, 1975, pp.510-511 より作成。

の大豆輸入を増大させたのである。

　3つ目の要因は，食肉の消費増である。アメリカに始まった食肉消費の増加ブームがヨーロッパへ飛び火し，戦後20〜30年の間に世界中の食肉消費が大幅に増大した。特にアメリカ国内ではフィードロット方式（p.51参照）による肉牛肥育が拡大し，多くの先進国で畜産・酪農の規模拡大が進められた。こうしたなかで，良質な配合飼料の需要が増大し，畜産飼料のタンパク原料として大豆粕の需要が急速に増えたのである。

戦争中から食肉消費を増やしたアメリカの社会

　戦後のアメリカ社会で食肉消費が増えた原因について，ソイインフォセンターは，戦争中の心理的な抑圧からの解放にあったと分析する。「（アメリカ人

は）戦前・戦中よりも豊かになり，完全雇用で賃金は上昇した。そして何よりも戦争中の窮乏や苦難，配給，自己犠牲といった心理状態から解放された」ことが食肉の消費増をもたらしたとみているのである[20]。

ただし，アメリカの食肉消費増は戦後に始まったものではない。戦争中から牛肉などの食肉消費がすでに増えていたのである。第2次世界大戦へのアメリカの参戦がまだ本格化しなかった1938〜40年に，国民1人当たり年間の牛肉消費量は54.7ポンド（24.6 kg），食肉（牛肉・豚肉・羊肉。鶏肉と魚を除く）の消費総量は134.4ポンド（60.6 kg）であった。これらの消費量が，戦争中の1941〜43年には，それぞれ6.9％，6.8％増えて58.5ポンド（26.3 kg），143.6ポンド（64.6 kg）に達していたのである。戦時中は，食料や燃料の消費が配給制度の下で厳しく抑制されていたにもかかわらず，なぜ食肉の消費が増えたのか。理由は3つあったと考えられる。1つは物価統制の下でスーパーやレストラン等での食肉価格の値上がりが抑えられていたことである。2つ目は軍需産業を中心にして雇用機会と労働者の賃金が増え，アメリカ社会が全体として戦争景気に潤うなかで，ステーキなどの消費増へ支出が向けられたという実態である。1940〜45年の間に全米の労働就業者は5610万人から6621万人へ18％も増え，この期間に労働者の平均月収は24％以上も伸びた。全米の消費支出総額は69％も増え，食料費は39％の伸びを示したのである[21]。

第3の理由は大恐慌時代における消費抑制の反動にあった。1929年から開戦直前まで続いた大恐慌でアメリカ経済は10年以上にわたり深刻な不況に見舞われ，多くのアメリカ人は食肉消費を抑制せざるを得なかった。1929〜34年の5年間にアメリカ人が消費した食肉（年間平均）は，130.8ポンド（58.9 kg）にとどまっていたのである。前述した1941〜43年の同消費（143.6ポンド）の91％の水準である[22]。

そして，戦後10年もたたないうちにヨーロッパ社会でもほぼ同様の現象が起きた。戦中・戦後の消費抑制から解放された多くのヨーロッパ人は，食肉と酪農製品の消費を急速に増やし始める。これに日本や台湾，韓国等のアジア諸国が続いた。ただし，極端な飢餓状態から解放された後に東アジアで起こった

のは，主食の米離れという現象であった．食のアメリカ化，アメリカを起点にした食のグローバル化の現象が東アジアから始まり，この流れがアメリカの大豆産業へ大きな影響を与えていくのである．

人種・国境を越えて広がった食肉消費

戦争が終わって15年以上がたった1960年代に入ると，先進国を中心に食肉消費の増大と畜産の振興・規模拡大が進み始めた．例えばイギリスや西ドイツでは，1人当たりの年間食肉供給量が1948～50年から1960～62年の間にそれぞれ50 kgから75 kgへ，29 kgから59 kgへ増え，日本でも2 kgから7 kg（1961年）へ伸びたのである[23]．戦後の経済危機からようやく立ち直り始めた先進国では，その後の経済発展と消費者の所得増が進むなかで，1960年代から1980年代にかけて食肉消費が著しい伸びを示すこととなる．1990年代に入ると，BSE問題によって健康志向の高まりが惹起され，牛肉などの赤身肉の消費は減少へ転じるが，これに代わって鶏肉の消費が増え始める．

国連食糧農業機関（FAO：United Nations Food and Agricultual Organization，在ローマ）のデータベース（FAOSTAT）によると，先進国における1人当たり年間の食肉消費量は1961～65年に54.4 kgの水準にあったが，15年後の1976～80年には73.2 kg，1986～90年には79.8 kgと大幅に増え，1988年には81 kgのピークに達した．その後微減へ転じるが，2002年から微増の傾向が現われ，80 kgとほぼピークの水準へ戻る．一方，開発途上国では赤身肉においても鶏肉においても消費は徐々に伸び続け，先進国と量的に比較すると，その割合は1960～70年代の15～18％が1990～2000年代には25～35％へ大幅に増えてきたのである．

食肉の消費は人種を越え，国境を越えて広がった．しかも数十年という短期間での大幅増である．食の歴史に起こった初めての地球規模の変化といえる．何がこのような現象を引き起こしたのだろうか．主な要因として，次の3つをあげることができるだろう．

①アメリカを筆頭にして畜産経営の大規模化，食肉の大量生産が進み，家畜の肥育コストの引下げによって食肉の価格が相対的に低下したこと．アメリカ

では，特に 1950〜60 年代においてトウモロコシ等の飼料穀物の価格が低迷していたことにより，フィードロット方式による肉牛肥育の増大を通じた畜産の大規模化が急速に進展した。

②食のアメリカ化がヨーロッパ諸国へ伝播し，日本や台湾，韓国，そして石油産油国などの開発途上国の富裕層の間で肉食の消費増を軸にした食の欧米化，食の高度化が 1960 年代後半から 1990 年代にかけて急速に拡大した。アメリカの映画やテレビ番組による映像を通じ，ステーキやハンバーグを中心にした食のアメリカ化が食生活の豊かさの象徴であるかのようなイメージが形づくられた。アメリカ食文化のデモンストレーション効果が，世界中の食卓に劇的な変化をもたらしたのである。

③アメリカのマクドナルドに代表されるファーストフードが 1970〜90 年代に各国の都市で外食業界の大規模な再編成を促進したが，この過程で食の画一化現象が広がり，多くの消費者がこの店舗網から抜け出せなくなった。肉食を中軸とする食のグローバル化の網が，食の多国籍企業によって世界の隅々にまで広がったのである。

タンパク飼料原料として需要が急増した大豆粕

しかしながら，表 2-1 に示すように大豆油の市場に変化が生じてきた。1939〜71 年度の間に大豆価格はほぼ継続的に値上がりしたが，1950 年代の後半以降，大豆油の価格が過剰供給のために下落へ転じ，その後も長期にわたって低迷するというかつてない現象が起きた。一方，大豆粕の価格は 1940 年代後半に高騰し，その後 1950 年代に一時的な値下がりはあるが，60 年代からは一貫して右肩上がりの傾向を示したのである。

表 2-2 の「アメリカにおける大豆油・大豆粕の需給の推移（1949〜71 年度）」をみると，大豆粕の輸出は特に 1954 年から増加へ転じ，1960 年代以降は急速な伸びを示していることがわかる。これに対し大豆油の輸出は不安定となり，とりわけ 1952〜54 年度に激減した。また，国内の消費量は大豆油も大豆粕もともに年々伸びてはいるが，1960 年代に入ると，大豆油の生産増に輸出増が追いつかなくなり，在庫が増えてきた。これに対して大豆粕は国内消費と輸出

の両方が伸び続け，在庫は極めて低水準で推移した。対照的な市場の展開となったのである。

1950年代以降に大豆粕の需要が急増したのは，畜産経営の規模拡大，とりわけアメリカ国内のフィードロット（牛の穀物肥育場）における肉牛肥育頭数が増大したからである。アメリカの肉用仔牛は放牧場で12か月ほど肥育されて300～350kg前後に成長すると，フィードロットと呼ばれる広大な野外の肥育場へ肥育用素牛（フィーダーキャトル）として販売される。フィードロットの肥育頭数の規模は数千頭から十数万頭までさまざまだが，その形態はペンと呼ばれる柵囲いの中で100～300頭単位に分け，150～180日ほどの短期間に配合飼料を集中的に給餌して550kg前後へ育て上げ，食肉加工場へ出荷する。これがアメリカの一般的なフィードロットでの肥育形態である。フィードロットの特徴は，牛の病気感染を防ぐためにその多くが中西部やテキサス州，カリフォルニア州などの乾燥地や砂漠地帯に設置されており，牛に与えられる餌の配合飼料はトウモロコシなどの飼料穀物に加えて，タンパク原料としての大豆粕やビタミン剤などがコンピューター管理の下で配合され，毎日決まった時間に決められた量が与えられる。配合飼料の中身は，肉質や出荷時期に関する牛肉加工場の要求に合わせて変化する。

均質な牛肉を計画的かつ効率的に低コストで大量に生産するために最も適し

表2-1 アメリカにおける大豆・大豆油・大豆粕の価格
（1939～71年度）（単位：ドル／セント，注参照）

3年間平均	大豆価格	大豆油価格	大豆粕価格
1939～41	1.2	10.7	33.8
1942～44	1.9	15.1	48.9
1945～47	3.0	24.7	78.4
1948～50	2.5	19.6	68.4
1951～53	2.9	18.4	76.5
1954～56	2.5	18.6	53.6
1957～59	2.2	13.8	54.9
1960～62	2.4	11.7	65.2
1963～65	2.7	12.4	74.9
1966～68	2.7	11.0	76.6
1969～71	2.9	15.4	82.4

資料：USDA, *Agricultural Statistics* の1954年度版から1973年度版より作成。
注：年度はいずれも10月1日から翌年の9月30日までの1年間。大豆価格は1ブッシェル当たりドル（No.2 Yellow Chicago）。大豆油価格は1ポンド当たりセント（食用缶，ニューヨーク市場）。大豆粕価格は1t当たりドル（タンパク含有44％，バルク）。

表2-2 アメリカにおける大豆油・大豆粕の需給の推移（1949～71年度）
(単位：大豆油百万ポンド，大豆粕千t)

年度	大豆油				大豆粕			
	生産	輸出	国内消費	在庫	生産	輸出	国内消費	在庫
1949	1,937	291	1,533	113	4,586	47	4,526	13
1950	2,454	490	1,851	113	5,897	181	5,681	35
1951	2,444	271	2,002	171	5,704	42	5,626	36
1952	2,536	93	2,249	194	5,551	47	5,452	52
1953	2,350	71	2,105	174	5,051	67	4,927	57
1954	2,711	50	2,534	127	5,705	272	5,371	62
1955	3,143	556	2,408	179	6,546	400	6,109	37
1956	3,431	807	2,397	227	7,510	443	6,956	111
1957	3,800	804	2,710	286	8,284	300	7,929	55
1958	4,251	930	3,040	281	9,490	512	8,930	48
1959	4,338	953	3,087	298	9,152	649	8,445	58
1960	4,420	721	3,391	308	9,452	590	8,774	88
1961	4,790	1,308	2,805	677	10,342	1,064	9,200	78
1962	5,091	1,165	3,308	618	11,127	1,476	9,557	94
1963	4,822	1,106	2,796	920	10,609	1,478	8,972	159
1964	5,146	1,357	3,211	578	11,286	2,036	9,128	122
1965	5,800	948	4,555	297	12,901	2,602	10,193	106
1966	6,076	1,105	4,509	462	13,483	2,657	10,694	132
1967	6,032	993	4,443	596	13,660	2,899	10,623	138
1968	6,531	899	5,092	540	14,581	3,044	11,392	145
1969	7,904	1,449	6,040	415	17,597	4,035	13,405	157
1970	8,265	1,782	5,940	543	18,035	4,559	13,339	137
1971	7,892	1,430	5,689	773	17,024	3,805	13,073	146

資料：USDA, *Agricultural Statistics* の1950, 59, 65, 73各年度版より作成。
注：年度はいずれも10月1日から翌年の9月30日までの1年間。大豆油在庫および大豆粕在庫は10月1日現在。

た配合飼料をつくる研究が進むなかで，大豆粕のタンパク飼料原料としての評価が高まってきた。ちなみに大豆粕のタンパク質含有率は加工方法によって差はあるが，40～50％と最も高く，家畜の健全な発育に必要なリジンやトリプトファンなどのアミノ酸が豊富に含まれるなど，栄養価も高いことが明らかにされたのである[24]。

なお，家畜の種類によって配合飼料の中身は違う。例えば，アメリカ大豆協会（ASA：American Soybean Association, 在ミズーリ州セントルイス）が

示す飼料設計によると，配合飼料の主な原料使用割合は，肉牛の仔牛用でトウモロコシが35%，えん麦38%，大豆粕15%，ブロイラー用でトウモロコシが60%，大豆粕31%，肉豚用でトウモロコシが80%，大豆粕18%となっている[25]。

アメリカのフィードロットで肥育される肉牛の頭数は，1950年の455万頭が1960年には660万頭を超え，1970年には1320万頭に倍増したのである（いずれも1月中旬現在の飼養頭数。2009年1月現在は1120万頭，USDA）。表2-2に示されたアメリカ国内の大豆粕の国内消費量をみると，フィードロットでの肥育頭数の増加と並行して大豆粕の消費が増えているのがわかる。それに，アメリカを中心に進展した養鶏とブロイラー生産の大規模化も多くの先進諸国へ波及し，世界的な大豆粕の需要増に拍車をかけることになったのである。

食料援助物資へ転落した大豆油

このようにアメリカでは，大豆粕の消費が大豆油の需要の伸びを上回って増大した。その結果，戦時中の1942年にはアメリカ政府が，「（第2次世界大戦を）勝利するため大豆を増産せよ」と，大増産を奨励した大豆の油が国内で余り始め，1954年度には小麦や米と同じように余剰農産物のリストに登録されることとなった。「農産物貿易開発援助法」（通称「公法480号」）の食料援助計画に，大豆が依存せざるを得なくなったのである。表2-2で明らかなように，同計画のおかげで1955年の大豆油の輸出量は1954年の5000万ポンドから5億5600万ポンドへ増えた。11倍の激増である。搾油業界の輝かしい発展の歴史を知る関係者にとっては，屈辱的な余剰農産物指定であったものと推測される。

アメリカの戦後の食料援助は小麦や綿花，脱脂粉乳等の過剰在庫処分から開始されたが，その後1960年代に入ると，大豆油やトウモロコシ，米も主要な援助物資にリストアップされてくる。表2-3に示されるように，大豆油の援助額は1964年から1億ドルを超え，1972年には1億3000万ドル近くに増えた。公法480号の食料援助全体に占める大豆油の割合も7〜8％に増え，1970年代初めには11％を超える水準に達したのである。1960年代，大豆油の主要な援

表 2-3　アメリカの公法 480 号（農産物貿易開発援助法）による主要品目別の食料援助額の推移
（単位：百万ドル）

年度	小麦	綿花	大豆油	トウモロコシ	米	脱脂粉乳	合計
1958	409.9	288.5	70.1	70.1	44.9	81.5	1,251.9
1959	480.7	260.2	94.4	55.3	36.2	67.5	1,259.9
1960	532.7	154.9	72.6	68.5	73.7	42.1	1,300.4
1961	703.3	227.7	60.9	64.3	78.8	51.7	1,557.3
1962	743.7	175.6	77.8	126.8	58.6	55.1	1,649.0
1963	804.4	141.1	70.8	69.6	84.8	55.2	1,586.2
1964	893.7	157.6	113.3	52.7	65.9	57.4	1,609.9
1965	886.1	165.1	122.7	104.6	68.8	63.1	1,696.9
1966	837.9	123.6	105.7	49.0	60.1	68.8	1,615.9
1967	575.6	164.9	126.9	67.6	131.3	64.2	1,574.8
1968	574.1	118.6	104.4	23.4	135.2	64.2	1,297.5
1969	320.8	97.9	76.9	13.4	168.1	73.9	1,042.7
1970	296.1	133.1	85.3	34.8	150.1	74.9	1,035.8
1971	305.4	103.3	120.4	28.9	168.7	94.4	1,079.9
1972	308.1	96.2	129.8	42.7	198.3	90.3	1,121.6

資料：USDA, *Agricultural Statistics* の 1964～1973 年度版より作成。
注：公法 480 号は 1961 年より「平和のための食料計画」へ名称変更（ケネディー政権）。

助先は，インド，パキスタン，トルコ，イスラエル，コンゴ等であった。親米政権の維持・支援のために，アメリカの外交戦略物資として大豆油も小麦や米とともに重要な役割を発揮したのである[26]。

　ちなみに，公法 480 号によるアメリカの食料支援と大豆とのかかわりでは，日本が「優等生」の扱いを受けている。アメリカ農務省海外農業局が 2009 年 1 月に公表した資料[27] によれば，日本のアメリカ産大豆の輸入量は 1955 年に 57 万 t を超えて世界第 1 位の輸入国となり，その後 1983 年のピーク（460 万 t）に向かって急増した。戦後の 38 年間にアメリカの対日大豆輸出量は「1350％の増」を記録したと，この資料は強調している。

　こうした対日輸出の「先兵」として活躍したのが，大豆の生産者団体と輸出・搾油企業が組織するアメリカ大豆協会（ASA）であった。1956 年，公法 480 号に基づき同年分の日本・ドイツ市場開拓資金として 10 万ドルの補助金を受けた ASA は，在日事務所の開設や日本の輸入業界の組織化，同関係者のアメリカ視察団の派遣などから活動を開始した。1951～61 年には，日本全国の市

町村を「キッチンカー」と呼ばれたアメリカ版の「料理教室バス」が駆け巡り，「日本人の食生活の改善指導」と称してアメリカ産農畜産物の消費拡大作戦が大規模に展開された。さながら「走るアメリカン・フードショー」を全国津々浦々で展開した「キッチンカー」にも公法480号の資金が投入され，小麦とともに大豆油などの大豆製品も消費促進の重要な品目として位置づけられたのである。

　当時は，「米を食べるとバカになる」と発言する国内の研究者も現われたほどであるが，1960年代に普及したテレビのアメリカ番組が「走るアメリカン・フードショー」の効果を後押しした。なお，ASAの果たした最大の「実績」は「キッチンカー」ではない。日本政府が国内の菜種産業を守るために課していた10％の大豆輸入関税を1961年に撤廃させる上でのアメリカ農務省との連携にあったといえるだろう。農林水産省の統計によると，1960年代末までに国内の菜種生産はほとんど消滅し，1960～75年の間に日本の大豆輸入が108万tから330万tへ増えて，国内の大豆生産は42万tから12万tへ激減した。

　1950年代から1960年代にかけて先進国を中心にした食肉消費の増大が，アメリカ大豆産業をめぐる情勢を「大豆油の時代」から「大豆粕の時代」へ大きく変えた。しかし，「大豆粕の時代」も長くは続かない。1970年代前半の穀物危機・大豆禁輸を契機に大豆をめぐる情勢は，グローバル化の流れのなかで再び劇的に変化することになる。

注と引用・参考文献

(1) SOYINFO CENTER, William Shurtleff and Akiko Aoyagi, *History of Soybean Crushing: Soy Oil and Soybean Meal Part 3*, 2007 を参考とした。
　（http://www.soyinfocenter.com/HSS/soybean_crushing3.php）
(2) 『平成16年版少子化社会白書（全体版）』内閣府共生社会政策統括官少子化対策サイトより
　（http://www8.cao.go.jp/shoushi/whitepaper/w-2004/html-h/html/g1110040.html）
(3) 坂口誠『近代日本の大豆粕市場』「立教経済学研究　第2号」2003年，pp.53-54
　（http://www.rikkyo.ne.jp/grp/eco/paper/images/57_2_3.pdf#search）

(4) United Nations Population Division, *World Population Growth from Year 0 to 2050*, 1998, p.3
（http://www.uni-graz.at/wsgwww_entwicklung-2.pdf）
(5) U.S. Department of Commerce, *Historical Statistics of the United States Part 1*, 1976, p.517
(6) 南満州鉄道株式会社は，日露戦争中の満州軍野戦鉄道提理部を母体に，日本政府が1906年に設立した半官半民の特殊会社，国策会社であった。
(7) 前掲（1）のPart 3を参考にした。
（http://www.soyinfocenter.com/HSS/soybean_crushing3.php）
(8) 同上（1）のPart 4を参考とした。
（http://www.soyinfocenter.com/HSS/soybean_crushing4.php）
(9)（財）農林統計協会『食料需給に関する基礎統計　農林大臣官房調査課編』1976年, p.6
(10) 同上（9）のpp.4-6
(11) 大豆生田稔『近代日本の食糧政策』ミネルヴァ書房, 1993年, pp.151-164を参考とした。
(12) 菊池一徳『大豆産業の歩み―その輝ける軌跡―』光琳, 1994年, pp.63-78を参考とした。
(13) 東洋経済新報社『昭和国勢総覧　上巻』1980年, p.629
(14) 前掲（1）のPart 5を参考とした。
（http://www.soyinfocenter.com/HSS/soybean_crushing5.php）
(15) SOYINFO CENTER, William Shurtleff and Akiko Aoyagi, *History of World Soybean Production and Trade - Part 1*, 2007を参考とした。
（http://www.soyinfocenter.com/HSS/production_and_trade1.php）
(16) 前掲（1）のPart 5を参考とした。
(17) 前掲（5）のp.513
(18) 前掲（1）のPart 2を参考とした。
（http://www.soyinfocenter.com/HSS/soybean_crushing2.php）
(19) USDA, *Agricultural Statistics 1950*, 1950, p.148
(20) 前掲（1）のPart 7を参考とした。
（http://www.soyinfocenter.com/HSS/soybean_crushing7.php）
(21) U.S. Department of Commerce, *Historical Statistics of the United States, Colonial Times to 1970 Part One*, 1975, p.210, p.318
(22) 同上（21）のp.137, p.331
(23) 『国際連合世界統計年鑑1963年』原書房, 1964年, pp.359-361
(24) Soybean Meal Information Center, Dr. Park W. Waldroup, University of Arkansas, *FACT SHEET : Soybean Meal Demand*を参考とした。
(25) アメリカ大豆協会『大豆ミール（粕）の各種飼料への利用－2006 図表』, pp.34-40 より。

(http://www.asaimjapan.org/information/information_3_2_pdf/2008_09_22chart 2006.pdf)
(26) USDA, *Agricultural Statistics 1973*, 1973 を参考とした。
(27) USDA, GAIN Report, *The History of U.S. Soybean Exports to Japan 2009*, January 23, 2009, p.3

▶▶ 第3章

アメリカ農業の戦後処理とWTOの帰結

1. マーシャル・プランと公法480号

余剰農産物処理が隠されていたマーシャル・プラン

　1945年8月に第2次世界大戦は終結した。多くの国では戦争の破壊によって経済は疲弊し，人びとは飢えに苦しんでいた。一方，国土が無傷のまま残り，世界最強の経済大国に躍り出ていたアメリカでは，戦争中の穀物大増産の動きが続いていた。

　終戦から2年ほどたった1947年6月5日，ハーバード大学で記念講演に臨んだアメリカのマーシャル国務長官は，ヨーロッパに対する復興援助構想を初めて明らかにした。戦争で疲弊したヨーロッパに対する大規模な復興計画の必要性を訴えたマーシャル長官は，同計画の目的は「自由な制度が存在し得る政治的かつ社会的な条件の出現が可能となり，活発な経済を世界に復活させることにあるべきだ」[1] と述べ，共産主義のソ連がヨーロッパ大陸で影響力を拡大するのを阻止するために，アメリカがリーダーシップを発揮しなければならないことを，婉曲的に国民に訴えたのである。この背景には，ソ連が東欧諸国やドイツの占領地域で影響力を強めるとともに，フランスやイタリアなどでは共産党への市民の支持が広まり，1946年にはソ連がギリシャとトルコへ干渉して南下政策の実施方針を明確に打ち出すなど，ソ連側の動きが急速に活発化したという事情があった。

　1948年から実施に移されたマーシャル・プラン（ヨーロッパ経済復興援助計画，1948～52年）では，実質3年間に総額120億ドルもの巨額な援助資金

がヨーロッパの 16 か国へ投入された。この援助総額は，1948～50 年のアメリカの国家予算（総支出額）の実に 10％を超える規模であった。マーシャルプランは，共産主義の拡大を阻止するというアメリカの世界戦略の下に実施されたのは明らかであるが，同時に，自国の余剰農産物の処理という目的も隠されていた。この計画の策定にかかわった国務省のウィリアム・クレイトン経済担当次官は，ヨーロッパ各国の実情調査を終えた直後の 1947 年 5 月に「ヨーロッパの危機」と題する覚書をまとめ，そのなかでこう述べている。

「われわれの贈与は主に石炭，食料，綿花，タバコ，輸送サービスという形をとることになる。綿花以外は，すべてアメリカ内で余っているものばかりであり，綿花も 1～2 年のうちに過剰供給となるだろう。（中略）カナダやアルゼンチン，オーストラリアなども彼らの余剰食料や資源を使ってヨーロッパを支援することはできるだろうが，この事業はアメリカが仕切らなければならない」[2]。

マーシャル・プランの最初の 2 年間（1948～49 年）は，特に飢餓対策としての食料・農業支援が重要な部分を占め，「1948～52 年の間にヨーロッパ各国へ送られた小麦や飼料穀物，肥料等の生産資材は全体の 29％，約 40 億ドルに達した」[3]。ちなみに，1945～51 年の 6 年間にアメリカが日本の経済復興のために援助した資金は，占領地援助資金，余剰物資の払い下げ，民間援助などすべてを合計しても 22.8 億ドルであった[4]。

一方，大韓民国を支援するアメリカと北朝鮮の後ろ盾となった中国とが冷戦下で戦った朝鮮戦争（1950～53 年）も，アメリカ農業へ"特需"をもたらした。表 3-1 に示されるように，アメリカの小麦輸出は 1945 年度から急増し始め，特に 1951～52 年度には 1000 万 t の水準を超えた。6 年間で 3 倍以上に増えたのである。トウモロコシの輸出も小麦ほどの量ではないが，200 万～300 万 t と，戦争中の水準を大幅に上回る量に及んだ。しかし他方では，アメリカ国内の"戦争特需"はなくなり，穀物等の生産抑制策に関する国内合意がまとまらないなかで，在庫が年々溜まり始めた。特に，マーシャル・プランも朝鮮戦争も終わった 1953 年度には，小麦の在庫が 1600 万 t を超え，トウモロコシ

表 3-1　第 2 次世界大戦開戦から終戦後におけるアメリカの穀物・大豆油の需給状況

(単位：大豆油百万ポンド，その他百万 t)

年	小麦			トウモロコシ			大豆油		
	生産	輸出	在庫	生産	輸出	在庫	生産	輸出	在庫
1940 年	22.18	0.39	7.61	62.41	0.38	16.96	564	14	–
1941 年	25.64	0.36	10.47	67.36	0.51	16.37	707	21	–
1942 年	26.37	0.18	17.17	77.95	0.13	12.46	1,206	44	–
1943 年	22.97	0.32	16.84	75.34	0.26	9.76	1,220	59	195
1944 年	28.85	0.27	8.62	78.44	0.44	5.87	1,347	67	197
1945 年	30.15	3.50	7.60	72.87	0.56	8.01	1,415	70	209
1946 年	31.35	5.09	2.72	81.71	3.27	4.36	1,531	89	194
1947 年	36.99	4.55	2.28	59.82	0.24	7.19	1,534	112	204
1948 年	35.24	8.91	5.33	91.57	2.85	3.14	1,807	300	95
1949 年	29.88	9.26	8.36	82.25	2.72	20.65	1,937	291	113
1950 年	27.73	5.61	11.56	78.11	2.79	21.45	2,454	490	113
1951 年	26.89	11.50	10.89	74.31	1.94	18.78	2,444	271	171
1952 年	35.54	10.06	6.97	83.61	3.56	12.37	2,536	93	194
1953 年	31.92	6.41	16.49	81.53	2.44	19.54	2,350	71	174
1954 年	26.78	5.23	25.42	77.67	2.35	23.36	2,711	50	127
1955 年	25.45	6.03	28.19	82.04	2.77	26.28	3,143	556	179

資料：USDA, *Agricultural Statistics* の 1950, 55, 60 各年度版より作成。
注：生産量は暦年。輸出と繰越し在庫（旧穀）の年度は小麦が 7 月 1 日からの年度，トウモロコシは 10 月 1 日からの年度，大豆油は粗製油ベース，在庫，輸出は 10 月 1 日からの年度。

に至っては 2000 万 t に迫る水準に達していたのである[5]。

公法 480 号で本格的な余剰農産物処理へ

1950 年代の初めまでに，ヨーロッパや日本などの先進国は終戦直後の深刻な食料危機を脱していた。しかし，不足する食料をアメリカ等から大量に輸入するほど経済的な余裕はまだなかった。1950 年代に入っても，世界の農産物貿易市場に拡大の方向を見いだすことはできない。そうした判断に基づいてアメリカは生産調整に着手し，余剰農産物の削減に乗り出したが，輸出は伸びず，減反を続けても在庫は逆に増える現象さえ出てきた。

このような状況のなかで 1954 年，アイゼンハワー大統領は「農産物貿易開発援助法」（通称「公法 480 号」）を制定し，余剰農産物の贈与や長期延払による大規模な食料援助計画の実施に踏み切った。「平和のための食料計画」(Food for Peace）とも呼ばれた公法480号の対象国は大きく3つに分けられた。すなわち，①第2次世界大戦後に独立したが，経済の復興や開発が大幅に遅れ，政治的な安定にとって食料援助が必要な国（主な対象国はインドやパキスタン等），②1950～60年代の厳しい冷戦構造のなかで，親米政権を維持するために支援が必要な国（南ベトナム，トルコ等），および③小麦等の援助を通じて食生活のアメリカ化を促進し，アメリカ産農産物の安定的な輸出市場へ発展することが期待できる国（日本や韓国，石油産油国等），であった。公法480号の基本的な狙いはアメリカの余剰農産物の処理にあったが，上記の①と②の対象国でも明らかなように，親米政権の維持，反共対策という外交上の重要戦略にあったことも事実である。

1954～58年度の5年間に公法480号および相互安全保障計画（AID，表3-2の注を参照）の下に支出された食料援助額は年間平均で13億ドルを超えた（表3-2）。それに余剰処理は公法480号だけではすまなかった。1950年代中葉から商品金融公社（CCC）が保有する穀物等の在庫費用が増大し，在庫の一部を海外への値引き輸出や贈与によって処分せざるを得なくなった。しかもこの在庫処分は年間10億ドルを超える規模で実施された（表3-2の「政府在庫等輸出（B）」を参照）。そのため，公法480号に政府在庫の値引き輸出等を加えた海外食料援助総額は，1954～58年度の年間平均で22億ドル近くに及んだのである。この間，公法480号の輸出額が農産物輸出総額に占める割合は35％であったが，CCCの値引き輸出も加えると，その割合は56％に達した。このような数値をみただけでも，アメリカ政府が取り組んだ余剰農産物の処理事業がいかに大規模であったかを推測することができるだろう。

1961年から約3年間にわたったケネディ政権は，小麦やトウモロコシなどの生産調整を強化するとともに，公法480号に依存してきた「援助輸出」からの脱却を目指し，海外への輸出増と国内消費の拡大に取り組もうとした。アメリカの貿易収支全体の黒字幅が30億～40億ドルの水準にまで落ち込むなかで，公法480号に頼りすぎた農産物の輸出政策そのものが連邦議会等で批判の的になり始めたからである。しかし，アメリカの生産者に対して最低保証価格の機

表3-2 アメリカの公法480号等による海外食料援助と農産物輸出額の推移（1954〜72年度）
（単位：百万ドル）

年度	公法480号による食料援助等				AID	食料援助輸出計 (A)	政府在庫等輸出 (B)	農産物輸出総額 (C)	(A+B) ÷ C × 100(%)
	タイトルI	タイトルII	タイトルIII	タイトルIV					
1954〜58	561	82	369	0	327	1,339	800	3,800	56%
1959	825	65	253	0	167	1,310	1,300	4,500	58%
1960	952	146	288	0	186	1,572	1,300	4,900	59%
1961	1,024	176	367	19	74	1,660	1,100	5,100	54%
1962	1,030	88	359	19	74	1,570	1,100	5,100	52%
1963	1,090	89	230	57	14	1,480	700	5,100	43%
1964	1,056	81	231	48	24	1,441	1,500	6,100	48%
1965	1,142	57	215	158	26	1,598	1,100	6,100	44%
1966	866	87	212	181	42	1,388	1,400	6,700	42%
1967	803	110	180	178	37	1,308	1,600	6,800	43%
1968	723	100	158	299	18	1,298	1,000	6,300	36%
1969	344	111	155	428	6	1,044	500	5,700	27%
1970	307	113	128	475	13	1,036	1,200	6,700	33%
1971	204	138	142	539	57	1,080	1,600	7,800	34%
1972	145	228	152	530	67	1,122	1,500	8,100	32%

資料：USDA, *Agricultural Statistics* の1965〜73年度版より作成。
注1：公法480号タイトルIは低利の長期融資つきでアメリカの農産物を輸入し，現地通貨で返済。同法タイトルIIは飢饉等への緊急食料援助（贈与）。同法タイトルIIIは後発途上国への贈与およびアメリカ合衆国国際開発庁（USAID）が行う「開発プログラムのための援助」。同法タイトルIVは長期のドル融資つきの食料支援。
2：AIDは相互安全保障計画と呼ばれる総合的な海外援助計画（食料援助も含む）であり，国務省傘下のUSAIDによって実施されてきた。
3：政府在庫等輸出はCCC（商品金融公社）が行う政府保有在庫の値引き輸出等の合計。
4：最も右側の列の「(A+B) ÷ C × 100」は公法480号等による食料援助額とCCCによる値引き輸出額が農産物輸出総額に占める割合を示す。
5：政府在庫等輸出（B）と農産物輸出総額（C）は概数。

能を果たす融資単価（ローンレート）が国際価格よりも高めに設定され，これがカナダやオーストラリア等の農産物輸出国の穀物増産を刺激して，アメリカは輸出を伸ばすことが困難であった。アメリカは国際競争力よりも国内対策を優先せざるを得なかったのである。規模拡大によって農家戸数は減少し，都市勤労者との所得格差が1950年代以降に大きく拡大していた。1950〜70年の20年間に農家1戸当たりの農業純所得は2421ドルから5754ドルへ2.4倍に増えたものの，勤労者家族（男性戸主）の中位の年間所得は3435ドルから1万

480ドルへと，農家を大幅に上回る水準へ増えていた(6)。このような状況のなかでは，融資単価の引下げなどの農政変更を農業関係議員が認めることはできなかったのである。

2. EEC共通農業政策を黙認せざるを得なかったアメリカ

EEC設立を支持したアメリカの事情

　戦後のアメリカ農業にとって余剰農産物の処理は最も大きな課題であったが，もう1つ困難な問題があった。それはヨーロッパ経済共同体（EEC：European Economic Community，在ブリュッセル）の共通農業政策（CAP：Common Agricultural Policy）への対応であった。ヨーロッパ諸国が統合して共同の市場を構築するという議論は1920年代から始まっていた。第1次世界大戦の悲劇を2度と繰り返してはならない，民族と国境の壁を越えて新たな統合の仕組みを構築しなければ，ヨーロッパはアメリカとソ連の狭間のなかに没落してしまう。こうした危機感に基づく議論が第2次世界大戦の前に行われていたのである。この議論は第2次世界大戦の勃発によって一時的にかき消されはしたが，終戦前の1944年9月に，ベルギーとオランダ，ルクセンブルクのベネルクス3国が締結した関税同盟へつながった。3つの小国の取組みであったが，「関税同盟によって経済的結びつきを強め，国家間協定を通じて国力の増大を求める考えは，ヨーロッパ統合における一つの強力なモデル」であり，「ベネルクス関税同盟は，EUの制度的起源の一つ」とみなされた画期的な動きとなったのである(7)。

　しかし，第2次世界大戦の終結後，戦勝国の指導者たちの議論はヨーロッパの統合どころではなくなった。ドイツに対する戦争責任の追及をどこまで強めるか，ドイツが2度とはい上がれないようにするためにドイツの力をどれだけ弱体化させるべきか，といった問題に議論は集中した。特にフランスはドイツの軍需産業の中心基地となったルール地方の分離・独立を要求し，ドイツ弱体化論の急先鋒となっていた。またアメリカには，ドイツに一切の工業生産を認

めずジャガイモしかつくれない「農業国」へ変えてしまうべきだとする，モーゲンソー・プランのような構想も出ていた。しかしながら，戦前まではヨーロッパ最大の工業国家であったドイツの経済復興を遅らせればおくらせるほど，アメリカやイギリスの占領費が増大し，生活必需品などの域内貿易が滞って他のヨーロッパ諸国の経済復興も停滞させてしまう。それに何よりも，東ヨーロッパ諸国に対するソ連の支配が強まるなど共産主義の脅威が広まっているなかでは，ドイツを巻き込んだ上での新たなヨーロッパのあり方を検討していく必要がある。そうした方向への議論の変化が，ヨーロッパ諸国の指導者の間に生じてきた。

　このような変化を1つの大きな動きへ転換させる演説が，1946年9月19日スイスのチューリヒ大学で行われた。それは，イギリス首相の座をすでに降りていたウインストン・チャーチルが行った「ヨーロッパ合衆国」の成立を求める演説であった。チャーチルは演説の前半でヨーロッパの栄光と悲劇の歴史について述べた後に，聴衆へ次のように語りかけた。

　「皆さんを驚かすようなことをお話ししたい。ヨーロッパの家族を再びつくり上げるための第一歩は，フランスとドイツの協力関係でなければならないのです。精神的に偉大なフランスと精神的に偉大なドイツを抜きにしては，ヨーロッパの復活はあり得ないのです」(8)。チャーチルの演説は，戦後復興が遅々として進まないヨーロッパ諸国の「多くの人々に驚きと希望を与えた」のである(9)。

　その後に続く数年間，フランス，ドイツなどの6か国は，1957年のヨーロッパ経済共同体（EEC）の設立条約（ローマ条約）の制定とEECの設立に向けて協議を重ねた。この過程で，マーシャル国務長官を引き継いだアメリカのダレス国務長官は，イギリスのマクミラン外相へ送った1955年12月の書簡のなかでEEC設立への支持を早々と表明した。「6カ国の共同体は，保護主義的な傾向を強めていく可能性があるかもしれない。また，よりいっそうの自立性を求める方向へと進んでいくかもしれない。しかしながら長期的によりいっそうの統一性は，西ヨーロッパでのより多くの責任や共通の福祉のための貢献をも

たらすであろう」(10) と。ダレス国務長官は，オランダのマンスホルト農業大臣を中心に検討が深められていた共通農業政策がアメリカ産農産物の輸出へマイナスの影響を与えることについて懸念を表明した。しかし同長官は，ソ連を封じ込めるためには EEC によるヨーロッパ自由主義圏の強化が必要であるとの考えを明確に伝えたのである。なお EEC 支持の背景には，ヨーロッパ市場の復活がない限りアメリカの輸出は伸びないとの思惑もあったものと考えられる。

ベルリン危機で外交を優先したアメリカ

　1958 年，フランス，西ドイツ，イタリア，オランダ，ベルギー，ルクセンブルクの 6 か国はヨーロッパ経済共同体（EEC）を設立した。同時に加盟 6 か国は，戦中・戦後の食料危機の経験を踏まえ，農業の生産性向上，農家に対する公正な生活水準の確保，農産物市場の安定化と食料の安定供給を目的にして共通農業政策（CAP）の具体策の策定に着手し，加盟国の農業保護政策との調整等を経て，1967 年のヨーロッパ共同体（EC）発足直後の 1968 年から CAP は本格的な実施に移された。その概要は次のようなものであった。

　主要な農畜産物の域内共通価格を設定する「市場の統一」，不足する農産物の加盟国間の取引を域外からの輸入よりも優先する「域内優先」，および「農業予算の確立」という CAP の 3 原則の下に品目ごとの共同市場が運営されることとなった。また，農畜産物の共同市場を守るため，EEC 委員会は「価格支持」「可変課徴金」「輸出補助」の 3 本柱を堅持した。すなわち，生産費や需給事情を勘案して「生産者が実現することが望ましい価格」として「指標価格」を定め，これから運賃や諸経費を差し引いた水準に「境界価格」を設定する。それに，指標価格のほぼ 70％の水準に「介入価格」を設定し，市場価格が介入価格を下回った場合には，加盟国政府を通じて当該産品を市場から買い上げて（保管），市場価格を回復させる。また，農産物の輸入価格と境界価格の差額は可変課徴金として輸入業者から徴収され，域外の安価な農畜産物がそのまま共通市場に入り込めない仕組みがつくられた。さらに，こうした手厚い農業保護を進める結果として余剰農産物が生じた場合には輸出補助金をつけて

輸出する。輸出補助金や農家への補助金などCAPを運営するための財政的な基盤は，農業指導保証基金によって構築された。同基金には加盟国による拠出のほかに，可変課徴金などの収入が当てられたのである。

「価格支持」「可変課徴金」「輸出補助」の3本柱を打ち立て，世界の農政の歴史上他に類をみないような磐石で高水準の農業保護政策を，EECは1962年から順次実施へ移していった。過剰農産物の処理はアメリカ農業にとっての戦後処理であったが，共通農業政策によって食料を確保し，農業・農村を守ることで安定した社会をつくろうとする選択は，ヨーロッパの農業にとっての戦後処理であったといえる。

EECのこのような選択に対し，アメリカの農業界はCAPの検討段階から強く反発していた。しかし，農業団体や農業議員の動きを抑え込むような事件が1961年8月に起こった。ベルリン危機である。1954年，アメリカは北大西洋条約機構（NATO：North Atlantic Treaty Organization）を樹立し，ヨーロッパの自由主義諸国との同盟関係を強化していた。1955年，ソ連を盟主として設立したワルシャワ条約（東欧相互防衛援助条約機構）の加盟国はNATOとの対立を強め，1961年8月には西側諸国のスパイ活動阻止を理由にして「ベルリンの壁」の建設に打って出た。東西ベルリンの交通を遮断したベルリン危機のニュースが世界中に伝わるなかで，NATO諸国はソ連に強く反発し，その団結をいっそう強めることとなった。

緊迫した国際情勢のなかで，アメリカの農業団体や農業州の議員たちは，CAPのスタートに対し表立って反発するような行動は国内的にも困難となった。アメリカはNATOの団結を優先し，CAPの実施を黙認したのである。ただし，CAPの原案が検討され始めた初期の段階から，アメリカ政府はこの問題をガット（関税と貿易に関する一般協定）の交渉の場で議題にするとの方針を明らかにしていたのも事実である。1957年3月，アメリカ国務省の対外経済政策委員会は，ヨーロッパ共同市場の設立計画に関して，「1. ヨーロッパ共同市場条約は，西ヨーロッパにおける合衆国の政策目的と合衆国が支持する利益とに合致する，2. 特に農業に関連し共同市場によって惹起される重要な問

題はガットの枠組みのなかで交渉の議題にする」との国務省提案を了承していたのである(11)。つまり，アメリカ政府は国内農業団体の反発を早くから想定し，ガット協議の方針を表明することで問題の先送りを図ろうとしたのである。

ガット・ディロン・ラウンドで CAP を追認したアメリカ

　EEC 内部では 1958 年から CAP の具体的な組立てが議論され，1960 年 6 月には EEC 委員会へ CAP の原案が提示されていた。その 3 か月後の 1960 年 9 月に，ガットのディロン・ラウンドは始まった。CAP の原案内容は，ラウンド開始前から国際的な関心を集めていた。

　戦後 5 回目となるこのガット・ラウンドは，アメリカの国務省経済担当次官のダグラス・ディロンの提唱によって組織されたため，同次官の名前をとってディロン・ラウンドと名づけられた。アメリカでは貿易収支の悪化が顕在化し始め，ガットの場を通じて輸出拡大を実現しようとしてラウンド交渉を提案したが，ラウンドの最大の焦点は EEC 共通農業政策の問題となった。

　そこでは，EEC6 か国が 1958 年の EEC 設立前にガットへそれぞれバインド（譲許）していた関税をどう再調整して EEC の共通関税へ置き換え，EEC の新たな関税としてどうガットへ譲許させるかが，アメリカをはじめ多くの農産物輸出国にとって重大な関心事となった。ガットへバインドした関税を引き上げる場合には，それによって被害を受けるガット加盟国に補償措置を講じるのがガットのルールであったためである。

　しかし，EEC は「6 か国の経済統合によって対外共通関税に統一されていく過程で，一部の国の関税が引き上げられることによるマイナスの影響は，他の国が関税を引き下げることと，経済統合による貿易機会の増大によって，十分に償われる」と主張して，アメリカが要求する 2 国間，品目別の補償交渉を拒否した。これに対してアメリカは，「課徴金に対する合理的な上限バインドが得られなければ，交渉は崩壊するだろうといって脅した」(12)。それでも EEC は譲らなかった。交渉は膠着状態が続いた。しかし，アメリカ政府代表が関税引下げの交渉権限を期限つきで議会から与えられていたという事情もあり，23 か国が参加したディロン・ラウンドは 9 か月間で交渉を終了させ，1961 年 6

月に一部品目の関税引下げを成果として決着した。

　ただし，最終段階でEECが譲歩した関税引下げの一部の内容がその後のアメリカとEU間の大きな貿易紛争へ発展する火種として残ることとなる。それは，大豆および大豆粕の輸入関税をゼロにしてガットにバインドしたことと，コーングルテン（トウモロコシの搾り粕）などの飼料原料（穀物代替作物）のゼロまたは低率関税をバインドしたことであった。もともとEECでは多くの農地が高緯度にあり，春に涼しく初夏に乾燥するという気候によって大豆を生産することが困難であるため，大豆と大豆粕が不足していた[13]。また，域内の畜産振興を推進するためには飼料原料の輸入が必要である。そうした判断と，アメリカにCAPを認めさせるという目的から，EEC側は積極的にこれら品目の輸入自由化を進めたのである。

　これに対しアメリカは，T.E. ジョスリンらが『ガット農業交渉50年史』で指摘しているように，「EECのかたくなな態度に直面したアメリカとしては，欧州市場向けのアメリカの農産物輸出のアクセスをEECが損なう可能性に歯止めをかける交渉の失敗によりディロン・ラウンドが崩壊するのを認めるのか，それとも，交渉を終結させ，それによって6カ国が工業品の関税同盟と農産物の共同市場の創設にすすむものを許容し，さらにそれを超えて，経済統合と軍事的政治的協力を拡大深化させるのか，いずれかを選択せざるをえないことになった。ケネディ大統領が国務省の助言にもとづいて決断したことにより，アメリカの新政権は後者を選択した」[14] のである。アメリカは「CAPの骨抜き」に失敗し，ガットの場でEECのCAPを容認せざるを得なかった。「CAPはその成立の対外的基盤を固めた」[15] のがディロン・ラウンドであり，同ラウンドはEECの共通市場がその後世界経済の重要な部分として発展するスタート地点となったのである。国務省サイドの望む方向へEECは出発したが，農務省にとっては諦めきれないディロン・ラウンドであったものと思われる。

3. 穀物ブームでアメリカは3度目の増産，そして農業不況へ

穀物危機で急成長したアメリカの輸出

1971年の終わりから1972年の初めにかけ，ウクライナ地方などソ連の穀倉地帯に降る雪の量が異常に少なかった。通常の年では秋に蒔かれた冬小麦の苗は十分な量の雪（スノーカバー）に覆われることによって凍霜害（ウインターキル）から保護される。しかし，その年はスノーカバーが少なかったために冬小麦の凍霜害が拡大し，生産量は前年より13%減，1200万tの大幅な減産となった。インド，中国，オーストラリアでも干ばつで小麦が減産し，アルゼンチンやタイでもトウモロコシが不作となった。そのため，1972年の世界の穀物生産は12億5870万tと，前年より4100万tもの減産となり，戦後最悪の穀物危機が起こったのである。

1972年，ソ連は2300万tもの大量の穀物を輸入した。これが引き金となって世界の穀物市場は逼迫し，価格は急速に上がり始めた。穀物先物市場には投機資金も参入して市場は沸騰した。1972年1月から1974年1月の2年間に，小麦，トウモロコシ，米，大豆の国際価格はそれぞれ3.7倍，2.2倍，5.8倍，2.1倍へ高騰したのである[16]。

穀物危機の到来によって，アメリカの「商業ベースの穀物輸出は10年以上に及んだ低迷期から1972年に突然脱出し，思いもよらない未曾有の急成長の10年間へ突入」[17]することとなる。1972～73年の2年間に世界の穀物輸出量は4500万t以上も増えた。最も輸出を増やしたのがアメリカである。特に1972年のトウモロコシ輸出量は，74%増という著しい伸びを示した。輸入需要はその後も増大した。その結果，1973/74年度のアメリカの期末在庫は，小麦で925万t（総消費量の17%），トウモロコシは1230万t（同9%）にまで激減し，特にトウモロコシの在庫は枯渇寸前にまで減少した。

1973年，アメリカは減反措置をすべて停止し，全面的な増産政策へシフトした。20世紀初めからの70年間に，2度の世界大戦中の大増産に続き，3度

目の増産に取り組んだのである。

ソ連は国内の食料供給を増やせず，その後も国際市場から大量の穀物等を買い続けた。それに，日本やヨーロッパ諸国と産油国の経済好況，開発途上国の経済発展，さらには世界人口の増大が相まって，穀物需要は増え続けた。1971～75年に先進国の経済は年率3.1％（実質GNP成長率）で成長したが，開発途上国は7.0％，共産圏諸国も4.2％で経済が拡大した時期である。世界の穀物輸出量は1970～80年の間に1億1440万tから2億2330万tへ倍増した。このうちアメリカの占める量は4040万t（35.3％）から1億1290万t（50.6％）へと，3倍近くに激増したのである。

穀物・大豆価格が軒並み高騰し，輸出額も著しく増大した。アメリカは1971～81年の10年間に，農産物の輸出額を81億ドルから451億ドルへ，5.6倍に増やした。劇的な輸出増を実現したのが小麦（11.5億ドルから78.4億ドルへ），トウモロコシ（7.5億ドルから80.2億ドルへ），および大豆（13.2億ドルから62.0億ドルへ）の3品目であった。また，この間に世界の穀物市場に占めるアメリカのシェアは35.3％から48.4％へ拡大した。まさに，"世界のパン籠"のアメリカ農業がその底力を世界中にみせつけた，史上類をみない穀物ブームの1970年代であった。

ニクソン政権は国内事情を優先して大豆禁輸を断行

1970年代の穀物ブームは，食料の不足する国にとっては食料危機であった。日本の戦後の歴史のなかで，「食料危機」が初めて国民的な関心事となったのが1973年である。

この年のアメリカ農業界では，ソ連が大量の穀物を輸入し続けるとの期待感が高まっていた。シカゴ穀物相場は高騰し，穀物や大豆の作付面積は大幅に増えるとの予測が流れていた。しかし，こうした期待感に水を浴びせるような事件が，1972年からワシントンでもち上がっていた。「ウォーターゲート事件」である。1972年6月，ワシントン市内のウォーターゲート・ビル内にあった当時の野党民主党の選挙対策本部に，共和党のリチャード・ニクソン大統領の再選をねらうグループが盗聴器を仕掛けようとして未遂に終わった事件である。

ワシントンポスト紙などの追及が強まるなかで、ニクソン大統領自身が事件に関与していた可能性が濃厚となってきた。政権に対する国民の不信感が頂点に達し、物価高を抑えられない経済政策への批判も強まっていた。

1972～73年の間にアメリカの食品価格は14.5％も値上がりした(18)。ソ連の大量穀物輸入がアメリカ国内の小麦粉製品の値上がりをもたらし、食肉価格は24％も急騰した。食肉の大幅な値上がりにはエルニーニョ現象が影響した。南米のペルー海沖でとれる飼料原料用のアンチョビ（かたくちいわし）の漁獲高が、エルニーニョ現象によって半減した。これに代わるタンパク飼料原料の大豆粕が高騰し、アメリカの食肉価格を引き上げたのである。大豆の国際価格は「1973年6～8月には前年初めの3倍以上のトン当たり400ドル前後にまで達した」(19)。それでも、輸入飼料に依存せざるを得ない日本やヨーロッパ諸国は、国内の畜産を維持するために飼料穀物の輸入を止めるわけにはいかない。ところが、当時、世界の大豆市場の93％以上のシェアをアメリカが保持していた。アメリカの大豆と大豆粕を求めて各国は買いつけに殺到せざるを得なくなった。

こうしたなかで、世界最大の食肉生産国かつ消費国でもあったアメリカでは、飼料原料価格の高騰に苦しむ畜産団体と、食肉高騰に反発する消費者団体の両方が、ニクソン政権に対して事態改善のための緊急対策を求めていた。ニクソン大統領は、貿易収支の改善につながる大豆の輸出をさらに増やすか、あるいは輸出を制限してでも国内インフレを抑え込むべきか、その選択を迫られていたのである。

1973年6月27日、ニクソン大統領は、ウォーターゲート事件による政治的な威信失墜からの挽回も期して、大豆および大豆粕などの大豆製品、綿実および綿実製品の輸出を全面的に禁止すると、突然発表した。アメリカ産大豆の世界最大の輸入国であった日本に対し何らの事前通告もなしに、ニクソン政権は大豆禁輸を断行したのである。翌6月28日付の朝日新聞夕刊は「アメリカに大豆輸入のほとんどを頼っているわが国への影響は大きく、関係業界は国内価格が暴騰することを憂慮している」と、一面トップで報じた。

穀物や大豆の国際価格は1972年の秋ごろから高騰し始め、日本では1973年

春先から豆腐やしょう油，納豆などの大豆商品の価格が値上がりしていたが，アメリカの大豆禁輸の発表で同年初めに1丁35〜40円であった豆腐が70円以上へ跳ね上がり，味噌やしょう油の業界はパニックに陥った(20)。なお，アメリカの大豆禁輸措置はその後9月8日に輸出許可制へ緩和され，10月1日からは許可制も撤廃されて全面解除となった。結果的には短期間の禁輸措置であった。しかし，これを契機にして多くの食料輸入国が輸入先の多元化や食料自給の必要性を痛感し，国内農業の振興の議論が沸き起こった。7月4日付の朝日新聞社説は「(「最大の顧客日本に迷惑はかけまい」との予測は) 無根拠な楽観だったといってよい。……大豆だけでなく，トウモロコシ以下を含めて，『アメリカの穀物のカサ』のなかにいる日本の立場を，アメリカがどう評価しているのか。きちんと見届けたうえで，日本の穀物輸入政策，ひいては，日本の食糧政策を，基本から洗い直すべきだ」と，論じた。一時は小麦やトウモロコシにもアメリカの輸出規制が拡大されるのではないかとの警戒感が広がり，「もし米国から農産物が全面ストップしたら，日本国民の4分の1は飢餓線上をさまよい，4分の3は畜産物が口にはいらなくなる」(21)との予測まで出された時期である。

穀物ブームで黄金時代を迎えた大豆も低迷期へ

1970年代，世界の大豆輸出量も大幅に増えた。1970年の1260万tが1980年には2688万tと，2倍以上の伸びである。この間にアメリカの輸出量は，1184万tから2179万tへほぼ倍増した。大豆の輸出額は，価格の高騰によって1970年の12億1580万ドルから1980年にはその5倍近くの58億8290万ドルに達した。これは世界の大豆輸出総額の83％に相当した（FAOSTAT）。この時点で，大豆の輸出額はアメリカの農産物輸出額の13.7％を占めるに至り，輸出額ではトウモロコシの85億ドル，小麦の63億ドルに次いで第3位となった。アメリカの農業界で大豆が「シンデレラ・クロップ」「奇跡のまめ」ともてはやされた黄金時代がこの時期である。

大豆および大豆粕の輸出増を支えたのは，前述したように世界の食肉消費増であった。しかもこれに人口増が加わって消費量全体を押し上げた。1970年

代の10年間に，世界の人口は36.8億人から44億人以上へ増えていた。食の高度化，食肉の消費拡大，そして人口増が進み，大豆の黄金時代はさらに続くと，アメリカの農業界では誰もが信じていた。1970年代後半には，1980年代の高度成長による消費拡大を期待し，中西部を中心に多くの農家が借金をして農地を買い増し，穀物や大豆の作付け増に走った。当時，中西部などの農家の間では「フェンス・トゥ・フェンス」（垣根から垣根まで作付けを）が合言葉のように広まっていたのである。

　1970年代の後半に入っても，大豆の輸出はまたたく間に小麦を追い抜き，第1位のトウモロコシへ迫るほどの勢いをみせていた。しかしながら，ここでアメリカの大豆の世界に大きな変化が生じた。1979年，大豆の生産面積が上限に達し，この年を境にして減少へ転じる。1950～70年の過剰供給の時代には，小麦や綿花などの作付面積が減る代わりに大豆の面積は伸びたが，これが続かなくなった。アメリカの総耕地面積そのものも1981年の1億9000万haがピークであった。他の国と同じように，農地の一部が住宅地や道路，ショッピングセンター等へ転換される一方で，新たな耕地開発が困難になった。農地のフロンティアはすでに消滅していたのである。

　大豆の輸出額も1982年の62億ドルをピークに下落へ転じた。その後1990年の36億ドルの底に向けて減り続ける。1982年のピークを毎年続けて越せるようになるのは2003年以降である。FAOSTATによると，アメリカの大豆生産額（1999～2001年の平均ドルベース）が1979年のピークを越えて安定的に推移するのは1997年以降となる。この間の市場では大豆価格の上がり下がりはあるものの，20年近くにわたる低迷期から大豆生産は抜け出せなくなるのである。

　すでに述べたように，戦後，アメリカの大豆生産の著しい増大は大豆油よりも大豆粕需要の急激な高まりによるところが大きかった。ところが，1980年代前半から1990年代後半にかけ，輸出の低迷に加え大豆生産を抑制する別の要因が生じてきた。それは，1970年代後半からアメリカ人の間で高まった健康志向と，1993年にイギリスで確認されたBSE（牛海綿状脳症）の発生によ

る牛肉等の消費漸減である。これによって，タンパク飼料原料としての大豆粕の需要も徐々に低迷期へ入っていくのである。

　ただし，大豆粕の需要低迷が大豆産業全体を決定的な危機に陥らせるようなことにはならなかった。消費者の別方向の健康志向が働いた。すなわち，バターやラード等の摂取がコレステロール値を高め，心臓病の原因になるとの情報が世界中に広まり，1980年代以降，大豆油などの植物油の消費が堅調に推移したのである。こうした動きによって戦後いったんは大豆粕に抜かれた大豆油の勢いが再び大豆粕を追い抜く。しかし，植物油に対する消費者の人気が大きく広がるなかで，カナダやEU諸国等での菜種油やひまわり種油，インドネシアやマレーシアのパーム油の生産が増え，大豆油の独歩高という状況にはならなかったのである。

　1980年代以降のアメリカの大豆輸出を低迷させた最大の要因は，国際競争力の低下とブラジルなどの南米農業国の台頭であった。このような兆候は1970年代の初めからすでに出ていた。それまで世界の大豆市場でアメリカは90％以上のシェアを占めていたが，1973年の93％をピークに微減の傾向へ転じ，1980年には81％まで低下していたのである。

国際競争力の低下で陥った深刻な農業不況

　1980年代に入って，アメリカの農産物全体の輸出額が急激に減少した。1981～86年の間に，同輸出額は438億ドルから263億ドルへ39.9％も落ち込んだのである。1970年代末までは農業界の花形輸出商品であった大豆も大豆粕も，それぞれ30.4％，31.0％の減となった。

　1980年代の前半，アメリカは1930年代以来の深刻な農業不況に再び見舞われた。その最大の要因は，輸出の大幅減による農産物価格の低迷と農地価格の下落にあった。1983～86年の4年間に20万以上の農家（総農家戸数の10％弱）が離農あるいは倒産し，1984～85年には農家の自殺者増が大きな社会問題の1つとなったのである。

　アメリカの農産物輸出の急減には，さまざまな事情が複雑に影響した。例えば，1982年のメキシコ金融危機以降，中南米の多くの債務国が返済用のドル

を稼ぐためにアメリカからの食料輸入を減らして逆に農産物の対米輸出に力を入れたことが，アメリカ農業に二重の打撃を与え，一方ではドル高によってアメリカの農産物の国際競争力が低下したという基本的な問題もあった。しかし，より重要な要因は次の3つにあったと考えられる。

①1970年代の穀物ブームの時代においても，政府の農業保護政策が穀物等の価格支持水準を高めに維持していたために，アメリカの輸出競争力が徐々に弱まった。

②1980年のソ連に対する穀物禁輸以来，穀物貿易の世界で「アメリカ離れ」の現象が起き始めた。1976年の大統領選挙でジョージア州のピーナッツ農場主でもあったジミー・カーター州知事は「ノー・モア・グレイン・エンバゴー」（穀物禁輸を2度と繰り返すな）のスローガンで農業州の支持を取りつけ，大統領選挙に勝利した。しかしその3年後の1979年12月，ソ連がアフガニスタンへ突如侵攻し，これに強く反発したカーター大統領は1980年の1月に対ソ穀物禁輸を断行した。1970年代に続き食料を戦略物資に使ったアメリカに対して，世界の不信感が再浮上したのである。

③アメリカにとって最も深刻な打撃となったのは，ヨーロッパ経済共同体（EEC）等が統合して1967年に発足したヨーロッパ共同体（EC：European Community）における農業生産の増大であった。ECの共通農業政策による農業保護は1970年代後半からその成果をあげ始め，1979年には農産物の純輸出"圏"へ躍り出た。アメリカのEC向け輸出額は，1981～86年の間に25億ドルも落ち込んでいる。

4. ブレアハウス合意と大豆問題

ECとアメリカ間の大豆問題

これらの要因が重なって引き起こされたアメリカの農業不況は，1986年に最も深刻化した。ガットが南米ウルグアイのリゾート地，プンタ・デル・エステで閣僚会議を開催し，新多角的貿易交渉（ウルグアイ・ラウンド，以下

UR）の開始を宣言したのはこの年の9月である。このラウンド交渉は「世界貿易の一層の自由化，および拡大の実現」と「ガットの役割強化」を目的とし，農業分野においては「農業貿易のいっそうの自由化の達成，並びに農業貿易に影響を及ぼすすべての措置を新しいガット規則，および規律の下に置く」ことを目指して，15分野の多角的貿易交渉開始のプンタ・デル・エステ宣言を採択し，4年間の予定で進められることとなった。

　交渉は7年間の長期にわたり，特に農業分野でアメリカとECが鋭く対立した。ラウンド開始直前にアメリカは1985年農業法を制定し，ECとの全面的な貿易戦争の準備を整えていた。アメリカは，小麦などに対するECの輸出補助に対抗して，1986～89年度の3年間に20億ドル相当の政府保有の穀物在庫を輸出業者へ無償で提供するなど，さまざまなダンピング輸出の政策を強化した。ECの輸出補助に対する"目には目を"の強硬姿勢でラウンドへ臨んだのである。交渉は難航した。アメリカとECの鋭い対立は続き，交渉は崩壊の危機を迎えた時期もある。農業保護の全廃とすべての国境措置の関税化を主張するアメリカに対し，ECは段階的な保護削減の姿勢を崩さなかった。1990年12月，URの最終合意を目指して開かれたブリュッセルでのガット閣僚会議は，アメリカとECの対立で決裂し，ラウンドそのものが崩壊するのではないかとの観測さえ流れた。

　ところが，長い膠着状態が続いた後の1992年初冬，交渉は動き出した。11月20日，アメリカのマディガン農務長官とECのマクシャリー農業担当委員は農業交渉の基本合意に達したとの共同声明が，ワシントンで突然発表された。2日前の18日からワシントンの大統領迎賓館（ブレアハウス）で行われていた交渉が，合意に達したのである。この合意は「ブレアハウス合意」と名づけられ，農業交渉の最終合意の土台になるとともに，その後のUR交渉全体を促進させる大きなきっかけになったと，一般的にはみられている。ただし，ブレアハウスでアメリカとECの農業大臣は，ラウンド合意案の作成で侃々諤々の協議を重ねていたわけではない。双方にとって重大な課題は大豆問題であった。アメリカはEC向け大豆輸出の回復を目指し，3億ドルもの報復措置の拳を振

り上げて交渉に臨んだ。双方が貿易戦争の火蓋を切ればラウンド交渉は失敗に終わる。ギリギリの交渉となったのである。

この大豆問題は，アメリカとECの双方にとってUR農業合意の最終的な協議に入れない，喉に刺さった大きなトゲのような存在であった。EC側は菜種やひまわり種など域内の油糧種子の生産を保護してきた。このため，一般的には「油糧種子問題」と呼ばれたこの大豆問題には，次のように複雑な事情があった[22]。

○ECは，1970年代後半から1980年代前半の穀物過剰生産とアメリカとの輸出競争の激化という問題に直面し，小麦等の生産転換を促進して1980年代後半には油糧種子の生産を大幅に増やした。その結果，油糧種子の域内生産は1970年代前半の300万〜330万tから1980年代後半には700万〜800万tの水準に達した。

○一方で，域内の畜産を発展させるためには大豆粕などのタンパク飼料原料の自給が課題であった。ECは，1979年から域内産の油糧種子を使う搾油工場に対し特別な補助金を支給した。このため，アメリカの大豆・大豆粕のEC向け輸出は激減した。1980年には40億ドル，1500万tを超えていた輸出量は，1985年に20億ドル，960万tに落ち込んだ。これに危機感を強めたアメリカ大豆協会（ASA）は1987年，EC油糧種子補助の撤廃を求め，1974年アメリカ通商法301条に基づいてアメリカ通商代表部（USTR）へ20億ドルの報復措置を実施するよう提訴し，アメリカ政府は1988年にガット提訴に踏み切った。

○1989年12月のガットのパネル裁定は「域内の油糧種子加工業者へ優先的に使用させるため，同業者に内外価格差を基本として支給されてきた補助金は，（ECが1960〜61年のガット・ディロン・ラウンドで合意した）輸入関税ゼロの公約へ実質的に反するものであり，ガット違反である」と，ECに対して黒裁定を出した。EC側はこの裁定を受け入れて，加工業者への補助金を生産者への直接補助金へ切り替えた。しかし，直接補助金が油糧種子の作付面積を基礎にして支給されるために生産増をもたらし，輸入産物との公正な競争を保証しないと，アメリカ政府は判断して，1992年7月に再びガットへ提訴した。

パネル裁定は,「関税ゼロを EC 側がガットの場で公約した以上,それは輸入を促進するものでなければならず,逆に域内の生産振興や輸入抑制につながるような措置をしてはならない」との判断を示し,2度目の提訴もアメリカ側の勝利となった。

○他方,EC は UR 当初からアメリカ側へ別の取引条件を出していた。前述したようにディロン・ラウンドで EC は,域内畜産の振興をにらみ安価なアメリカ産大豆の輸入関税をゼロに引き下げ,同時に穀物に代わる飼料原料(穀物代替作物)として重要なコーングルテンなどの輸入関税もゼロまたは低率に引き下げていた。ところが,アメリカの要求を受け入れて域内の油糧種子の生産を減らせば,菜種などからの生産転換が容易な小麦や大麦の生産が拡大する可能性があり,穀物生産の抑制というアメリカ側の要求にも応じることができなくなる。EC は過剰小麦の補助金つき輸出で,アメリカとの深刻な対立関係にもあった。そこで EC は,域内の作物間の調整を図りながら,アメリカ側の主張する可変課徴金の関税化を受け入れるにはコーングルテン等の輸入を抑制する必要があり,過去のガット交渉で約束した関税を再度引き上げるという「リ・バランシング」(保護のやり直し)を提案していたのである。しかし当時,アメリカが輸出するコーングルテンの 90~95%,大豆および大豆粕のほぼ 50% が EC 市場へ向けられていたため,アメリカ側がこのリ・バランシングを受け入れることは極めて困難な話であった。

ブレアハウス合意でも伸びなかったアメリカの EU 向け大豆輸出

アメリカ・EC 双方にとって難しい交渉が続き,最終的には EC 側が譲歩する形で決着した。1992 年 11 月 20 日,油糧種子問題に関するアメリカ・EC 閣僚交渉の合意内容の骨格は次のようなものであった[23]。

○欧州連合(EU:European Union,1993 年にマーストリヒト条約によって EC から発展した)は 1994/95 年度,直接所得支払いの対象とする油糧種子生産面積(基準面積)を 396 万 6000 ha とし,(EU へ新たに加盟する)スペイン・ポルトガルの当該面積を 153 万 ha とする。

○ EU は,1995/96 年度以降は,スペイン・ポルトガルを含めた基準面積の

上限を512万6000 ha とする。(なお，この基準面積は EU 12か国の合計であり，オーストリア等の3か国が加盟した1995年には基準面積が548万2000 ha へ変更された。)

○ EU は，直接所得支払い対象の面積が基準面積を超えた場合，合意された上限面積を超えた油糧種子の作付面積の割合の1%ごとに生産者に対する直接支払いを1%削減する。

○ EU は，非食用（工業用）の目的で生産される油糧種子については，面積上限の対象としない。ただし，非食用の生産量は年間100万 t（大豆粕換算）を超えないものとする。

○ EU は，基準面積の10%を下限にして1995/96年度以降毎年減反する。

このブレアハウス合意によってその後の事態はどう動いたのか。アメリカと EU の油糧種子をめぐる市場では，次の4つの特徴的な動きが出てきた。

① EU 域内の油糧種子の作付面積はブレアハウス合意に基づき，1995年の550万 ha が1996年には450万 ha へ20%近く減少し，生産量も30%以上減った（USDA）。

② 大豆および大豆粕の輸入需要は年々増大したが，アメリカ側の期待に反してブラジルやアルゼンチンの南米農業国からの輸入が増え，輸入量に占めるアメリカ産の割合は逆に減少へ転じた。

③ 2001年1月，EU は BSE 対策として肉骨粉の飼料への投入を全面的に禁止した。このため，タンパク飼料原料としての大豆粕の輸入需要が2001年以降急増した。

④ ブレアハウス合意で EU が油糧種子の作付面積の上限設定に合意した面積は直接所得支払いの対象とする農地であり，それ以外の農地では，バイオディーゼル用の油糧種子生産が増加へ転じた。また，2004年から，生産調整による休耕地以外で生産されるバイオ燃料用の油糧種子に対して1ha当たり45ユーロの補助金が新設され，特に菜種の生産が増えてきた。EU の油糧種子産業は，ブレアハウス合意による域内生産の抑制という制約条件を，バイオ燃

表3-3 EUの大豆・大豆粕の国別輸入量の推移（2000/01～2008/09年度） （単位：千t）

年	大豆輸入量（EUへの供給国）				大豆粕輸入量（EUへの供給国）			
	輸入計	アメリカ	ブラジル	アルゼンチン	輸入計	アメリカ	ブラジル	アルゼンチン
2000/01	17,062	7,033	8,656	277	16,754	525	8,143	7,841
2001/02	18,501	7,342	9,113	1,374	20,591	347	9,838	10,143
2002/03	16,461	5,680	9,173	475	21,361	98	10,135	10,849
2003/04	15,266	4,094	9,404	328	23,006	44	11,058	11,637
2004/05	15,298	4,612	8,788	148	23,193	115	10,902	11,960
2005/06	14,187	2,510	9,826	76	23,746	89	9,009	14,466
2006/07	15,460	3,373	9,820	193	23,307	78	8,406	14,645
2007/08	15,185	3,608	9,095	375	24,868	160	9,283	15,191
2008/09	13,630	2,400	8,900	170	24,437	481	9,734	13,723

資料：ISTA Mielke GmbH, *OIL WORLD ANNUAL REPORT* の2004, 05, 09各年度版より作成。
注：EUの加盟国は1995年に12か国から15か国へ増え，その後，2004年に25か国，2007年に27か国となっている。大豆の年度は9月から翌年の8月までの年度，大豆粕は暦年。2008/09年度は推計値。

料の生産振興という新たな流れを力にして乗り越えようとしているのである。

この関連でとりわけ注目されるのは，上記②のアメリカ産大豆輸入の減少傾向である。EU（当時15か国）域内の油糧種子の生産が1996年から減少へ転じ，大豆の輸入量は1996年の1500万tから2001年には1800万tを超えた。しかしその後は，域内の菜種搾油量の増加等のために，大豆の輸入量は1600万t台から1300万～1500万tの水準へ減少傾向にある。こうしたなかにあって，EUのアメリカ産大豆の輸入量（カッコ内はEUの輸入量に占める割合）が，2000/01年度の703万t（41.2％）から2008/09年度の240万t（17.6％）へと，ほぼ3分の1にまで減少した（表3-3）。

ただしこの間に，ブラジル産大豆の輸入量は866万t（50.7％）から890万t（65.2％）へ増えている。このようにEUが大豆の輸入先をアメリカからブラジルへシフトしてきた背景には，遺伝子組み替え（GM）大豆の問題がある。ブラジルでもGM大豆の生産は拡大しているが，アメリカよりもブラジルのほうが非GM大豆の輸入が容易であったためである。

ただし，21世紀に入ってEUの大豆輸入が減少へ転じた2つの要因に注目

する必要がある。1つはEU産の菜種・ひまわり種などの油糧種子価格が，補助水準の引下げによって下落へ転じたことである。つまり，ドイツなどEU諸国の搾油工場は域内産の油糧種子を補助金つきで優先的に使ってきたが，URの合意によってこの補助制度が廃止されたために，域外からの輸入大豆の搾油を増やしてきた。しかし，域内産の菜種などの価格が低下し，新たにEUへ加盟した東欧諸国での生産が増えてきた。また，原油価格の高騰で海外産の輸送コストも増大した。こうした状況のなかで，搾油工場は原料を輸入大豆から域内産の油糧種子へ徐々にシフトしてきたのである。2つ目の要因は菜種油などを原料とするバイオディーゼルの生産増大であった。このため，油分の含有率が大豆よりも高い菜種の搾油が増加に転じたのである（大豆の油分の含有率は約18%，菜種は約40%）。

　一方，EUでは畜産飼料原料の需要拡大に油糧種子粕の供給が追いつかず，その自給率は低下してきた。2007/2008年度，輸入大豆の搾り粕も含めたEU27か国の油糧粕の生産量は2830万tに達するが，総消費量は5840万tを超え，3090万tも輸入している（Oil World〈油糧種子の総合研究所，在ハンブルグ〉）。ところが，BSE問題によって2001年から肉骨粉の飼料原料への使用が禁止されたため，EUはこれに代わるタンパク飼料原料の大豆粕の輸入を大幅に増やさざるを得なくなり，特に安価なアルゼンチン産大豆粕の輸入を増やしてきたのである。

　世界貿易機関（WTO：World Trade Oganization，在ジュネーブ）農業協定が実施に移された1995年以降，EUの大豆および大豆粕の輸入市場は拡大したが，アメリカはそのメリットを確保することができなかった。ブレアハウス合意によってアメリカはEUの油糧種子の作付面積の上限設定と生産調整の継続を約束させ，EUの生産増を抑え込むことには成功した。しかし，大豆および大豆粕をアメリカから優先的に買いつけることまではEU側へ約束させることができなかった。拡大するEU市場のメリットが南米農業国に奪われてしまったのである。

5. 小さな政府と WTO 農業協定で
     食料貿易のグローバル化を図るアメリカ

WTO 農業協定のポイント

1994年4月モロッコのマラケシュで開かれたガット閣僚会議で，各国代表は UR の最終合意文書に署名するとともに，WTO の設立などを盛り込んだ「マラケシュ宣言」を採択した。これによって，1947年10月に設立し，47年間にわたって貿易推進の旗振り役を演じてきたガット体制は終焉して新たな WTO 体制がスタートした。

WTO の規律の下に実施へ移された農業協定（1995～2000年）の主なポイントは，次の5点に整理することができる[24]。

①国内支持の削減：研究・普及・農業基盤整備・国内食料援助・環境対策・地域援助などの政策（「緑」の政策）を除くすべての政策（「黄」の政策）について，総合的計量手段（AMS）により支持の総額を計算し，6年間にわたってその総額の20％の削減を毎年同じ比率で実施する。基準年は1986～88年とする。

②市場アクセスの拡大：すべての非関税国境措置を関税相当量を用いて関税に置き換える（関税化）。転換後の関税は，原則として国内卸売価格と輸入価格の差とする。関税相当量を含め，通常関税は6年間にわたって農産物全体で36％，各タリフ・ラインで最低15％の削減を毎年同じ比率で行う。基準年は1986～88年とする。関税化対象品目の現行アクセス機会を維持し，輸入がほとんどない場合にはミニマム・アクセス機会として実施期間の1年目は国内消費量の3％を設定し，実施期間終了までにこれを5％に拡大する。さらに，関税化対象品目については，特別緊急調整措置（特別セーフガード）を設ける。

③輸出補助金の削減：直接的な輸出補助金の対象として，6年間にわたり輸出補助金支出額を36％，および輸出補助金つき輸出数量を21％削減する。削減方法については柔軟性が認められる。基準年は1986～88年とする。新たな

産品，新たな市場に対する輸出補助金の供与は禁止される。また，農産物の輸出禁止または輸出の制限を行う国は，輸入国の食料安全保障に与える影響に対し十分な考慮を行うとともに，WTOの農業委員会に通報し，実質的な利害関係を有する輸入国と協議を行う。

④検疫・衛生の国際基準化：検疫・衛生措置が偽装された貿易制限となることを防止し，国際基準に基づいて各国の検疫・衛生措置の調和を図るために，国際基準が存在する場合には自国の検疫・衛生措置を国際基準に基づかせることを原則とするが，科学的正当性等がある場合には国際基準よりも厳しい措置を採用し，維持することができる。また，各国の検疫・衛生措置を通報することにより透明性を確保する。

⑤その他（関税化の特例措置など）：実施期間終了の1年前から，次の交渉を行う。また，関税化の特例措置として，非貿易的関心事項の重要性に鑑み，(1)基準期間(1986〜88年)に当該農産物の輸入が国内消費量の3％未満，(2)輸出補助金が付与されていない，(3)効果的な生産制限措置が実施されている，の3つの基準を満たす農産物については，ミニマム・アクセスを一定率引き上げる（3％→5％を4％→8％に増加）ことを条件に，関税化の特例措置（6年間関税化を実施しないことができる）が認められる。

アメリカが戦後処理の総決算を目指すドーハ・ラウンド

2001年11月にカタールのドーハで開催されたWTO閣僚会議は，農業，鉱工業，サービスの自由化のみならず，貿易の円滑化やアンチダンピング等のルールの策定・強化など，URよりも包括的で野心的なゴールを目指した新ラウンド（ドーハ開発アジェンダ）の開始を宣言した。貿易を通じた途上国の開発を最重要課題の1つと位置づけたドーハ・ラウンドの多角的貿易交渉は，2004年に中間合意としての「枠組み合意」に達し，2005年12月の香港閣僚会議は2006年中の最終合意を目指すことを確認した。しかし，2008年7月ジュネーブで開催されたWTO閣僚会議では，アメリカとインド，ブラジルなどの対立で合意に至らず，その後の金融危機への対応優先やアメリカでのオバマ政権の誕生などによって，2009年末現在，ドーハ・ラウンドは依然膠着状態が

続いている。

　ただし，ラミーWTO事務局長が2008年の閣僚会議へ提示した保護削減の基準（モダリティー）をみると，農業合意の方向が食料の輸出国にとって極めて有利なものであり，食料不足の輸入国にとっては受け入れることが非常に困難なものとなっている。最終的な交渉のテーブルに載せられてきた合意案では，現在の輸入関税率の高さに応じて関税を一気に48％から73％も削減することが提起されており，また高率の関税を設定できるとした重要品目の数についても，関税表に記された農産品全体の4〜6％しか認めないとするなど，輸入制限措置のほぼ完全撤廃に近い考え方が示された。食料が不足する輸入国にとっては，最低限の農業生産を維持し，食文化を守っていくために必要な国境措置が根こそぎ撤廃されるような中身となっており，国民食料の安定確保と国内農業が果たす地域社会での役割等に対する中・長期的な影響が非常に危惧される。

　アメリカ政府は，URの初期の段階で同政府が提案した「農業保護の全廃」という基本姿勢を踏襲してきた。アメリカの立場からみれば，UR農業合意はEUとの妥協の産物であり，「アメリカ農業の戦後処理」の総決算として臨んだ同交渉は不十分な結果に終わったということである。前述したように，国内支持と輸出補助の削減は保護の全廃とはほど遠く，市場アクセスを拡大させるための関税化も制限的なものに終わったというのがアメリカ側の基本的な評価である。ドーハ・ラウンドの農業交渉でアメリカ側は農業問題の戦後処理をすべて決着させようとしているのである。

食料貿易のグローバル化を図るアメリカ政府の思惑

　農業保護の全廃と関税の撤廃を追求し，最終的には食料の完全な自由貿易を実現しようとするアメリカ政府の考え方はいったい何に根ざしているのだろうか。こうした考え方を支持するアメリカの関係者には，次の3つの状況を実現しようとする強い意志と戦略があると考えられる。

　第1は，政府の役割や機能を小さくし，より自由な経済活動を促進することによって，アメリカがより豊かで平和な世界の実現のためのリーダーシップを発揮できる，という状況である。1980年代のイギリスでは，サッチャー政権

が戦後の福祉国家を解体し，造船・航空産業等の国営企業の民営化と市場原理に基づく経済システムを構築しようとした。この流れがアメリカのレーガン政権（1981〜89年）の下で加速化された。1929年に始まった大恐慌からの脱出をかけたニューディール政策以降，アメリカでは民主党政権の大きな政府，市場への規制強化等の政策が基本的に継続されてきたが，共和党のレーガン政権は小さな政府，規制緩和，そして経済のグローバル化を推進した。

URが開始されて2年目の1987年，レーガン政権は「今後10年間にすべての農産物の輸入制限措置と補助金を廃止する。そのために，各国の農業保護水準を総合的に計量して段階的に削減していく」とした「ゼロ－2000年」を提案した。これこそ小さな政府志向の明確な意思表示であった。

「ゼロ－2000年」は，国家の農業・食料政策を策定する議会や政府の権限の一部をWTOへ委譲するかどうかの決断を世界各国へ迫ったのがアメリカにとってのUR農業交渉の最大のポイントであったことを示している。そして結果的には，自国民のために最低限の食料を自ら確保する農業政策を国会で決め，国民の税金を使って政府が必要な対策を実施するという，国民食料の安定確保に関して政策を選択する国家の主権が部分的に国際機関（WTO）へ譲り渡されるというラウンドの結末となった。各国の国民が自らの代表を通じて食料や農業の政策を改善しようとしても，WTO農業協定という大きな枠組みを無視することはできない。国民，すなわち食料の消費者の手の届かないところに，農業や食料に関する政策決定の主権の一部が移ってしまったのである。まさに，小さな政府の行き着くところがWTO農業協定であったといえる。

第2は，農産物の貿易をいっそう自由化し，食料・農産物の貿易のグローバル化を工業製品や金融事業と同じように促進することによって，アメリカの利益を守り，拡大できるという方向である。UR農業合意では，国内支持・輸入アクセス・輸出補助の問題があたかも同等に重視され議論されたかのように伝えられた。しかし，すべての輸入制限措置の関税化という措置に象徴されるように，輸入アクセス，市場開放がラウンド交渉の中心課題であり，今次ドーハ・ラウンドでもアメリカの思惑は同じである。

第3は，アメリカの農業にとって有利な世界市場の枠組みを再構築し，アメリカ農業の発展と農家・農業関連産業の利益を回復させる環境づくりである。つまり，「農業保護の全廃提案」の裏側には，アメリカ農業の輸出競争力が低下してきたことに対する危機感がある。ヨーロッパはかつてアメリカ農業にとっては最大の安定的な輸出市場であった。ところが1980年代には，そのECがアメリカからの輸入を減らし，中近東などのアメリカの伝統的な輸出市場へ小麦等を輸出してアメリカ農業へ二重の打撃を与えた。これに対するアメリカ農民の怒りを利用しながら，EC共通農業政策への国際的な包囲網をつくり上げたアメリカ政府側には，戦後に失ったものを回復させるという強い意志があった。

　筆者は，1980年代の中葉から後半にかけてアメリカの首都ワシントンに駐在し，農業・通商関係の情報収集の業務を担当したことがあるが，当時，意見交換する機会のあった多くの農業団体の幹部たちが，「2度の戦争でヨーロッパの食料危機を救ったのはアメリカの農民だ。その恩をヨーロッパは仇で返そうとしている」と言っていた。多くの人たちが，ヨーロッパ批判をほぼ共通した言い回しで展開していたのを記憶している。

　つまり，2度にわたる世界大戦の際にアメリカ農業はヨーロッパの同盟諸国の食料基地として食料を増産し支援したが，戦後数年がたつとヨーロッパ農業が回復してアメリカからの輸入を減らし，アメリカの農家は農業不況に陥る。1970年代の穀物ブームが過ぎるころには，ECは農産物の純輸出圏としてアメリカの輸出市場へ食い込もうとした。こうしたヨーロッパの対応によって，アメリカは農産物の世界市場から多くのものを失ってしまった。失ったものを取り戻し，アメリカ農業にとって有利な世界市場の条件を再構築していく。これがラウンド交渉である。こうした思い込みが確信のようなものとなって，当時のアメリカ農業界では広範に共有されていたのである。

穀物メジャーとアメリカ政府のグローバル戦略

　戦後の焼け跡の時代に，多くの国がアメリカの食料援助で飢えをしのぐことができたのは事実である。しかし同時に，1950～60年代に穀物や大豆の過剰

生産を管理できなかったアメリカが,「平和のための食料計画」の美名の下に,余剰農産物を食料援助という形で世界中にダンピング輸出したことが多くの国の農業発展の芽を摘み,自らの国土に適した農業政策の展開の可能性を狭めたことは,日本や韓国の農業の現状をみれば明らかである。とりわけ,麦や大豆,菜種などの油糧種子,家畜用の飼料穀物など,自らの国土資源を最大限に活用しながらバランスのとれた作物の適切な供給水準を維持するという食料の自給と資源・環境を重視する政策の展開が,自由貿易の美名の下に困難となってきたのである。

　それでも,アメリカの自由貿易信奉者は,アメリカの農業にとって今の国際市場の状況は不利であり,改善しなければならないと信じている。こうした思い込みは,どこから出てくるのだろうか。それは,穀物メジャーのグローバル戦略であり,こうした戦略を起因させたのが戦後のアメリカ農政であったといっても過言ではない。

　すなわち,終戦後の1940年代中葉から1960年代にかけて,アメリカ政府はヨーロッパ諸国や日本等への大規模な食料援助と,「平和のための食料計画」による余剰農産物の処理輸出を長期にわたって実施した。穀物メジャーは「公法480号の余剰農産物を処理することで,1950年代,60年代には成長を遂げ」[25],利益を蓄えることができたのである。

　しかし,1960年代終わりごろから輸出補助は財政難の下で削減され,1970年代の穀物ブームが終焉を迎えるころには,アメリカ農業はカナダや南米の農業国に比して競争力が弱まり始めていた。

　アメリカの生産者に対する価格支持水準が,他の農産物輸出国に比べて高すぎたためであり,アメリカを本拠地にして輸出を伸ばそうとするカーギルなどの穀物メジャーにとっては,農業保護水準を引き下げてアメリカ農業の競争力を回復させる必要性が増していた。また,ECの輸出補助に対抗してアメリカも輸出補助を強めれば,穀物メジャーが進出するブラジルなどの非輸出補助国からの輸出を伸ばすことができない。しかし,アメリカが一方的に農業保護を削減するのは農業団体や議会が認めない。そこで,「ゼロ－2000年」をアメリ

カが先に提起し，EC の農業保護を全般的に後退させると同時に，日本や韓国等による農産物の輸入障壁を撤廃して輸出市場全体を拡大する。事業全体のグローバル化を進める穀物メジャーのこうした思惑と小さな政府の考えが，農業保護全廃という提案を生み出したのである。UR 農業交渉への「保護全廃提案」の策定にかかわったダニエル・アムスタッツ農務省次官（1983～87 年）が，カーギル社に 25 年以上も勤め，次官就任直前にはカーギル投資サービス会社の会長を務めていた人物であったという事実が，こうした実態の一端を明らかにしている。

注と引用・参考文献

(1) OECD, *The Marshall Plan speech at Harvard University, June 5, 1947*
（http://www.oecd.org/document/10/0,3343,en_2649_201185_1876938_1_1_1_1,00.html）

(2) Meredith Hindley, *How the Marshall Plan Came About: Memorandum by the Under Secretary for Economic Affairs (W. L. Clayton), May 27, 1947*
（http://www.neh.gov/news/humanities/1998-11/marshall.html）

(3) Prof. Harriet Friedmann, The University of Toronto, *The origins of Third World food dependence*, p.3
（http://www.twnside.org.sg/title2/resurgence/212/cover03.doc）

(4) 毎日新聞社『毎日年鑑 1951 年』p.115

(5) USDA, *Agricultural Statistics 1957*, 1957, p.2

(6) U.S. Department of Commerce, *Historical Statistics of the United States Part 1*, September 1975, p.296

(7) 遠藤乾編集『原典ヨーロッパ統合史』名古屋大学出版会，2008 年，p.165

(8) Centre Virtuel de la Connaissance sur l'Europe, European Navigator, *Address given by Winston Churchill, Zurich, September 19, 1946*, p.2
（http://www.ena.lu/）

(9) 前掲 (7) の p.172

(10) 同上 (7) の p.299

(11) Centre Virtuel de la Connaissance sur l'Europe, European Navigator, *Report to the Council on Foreign Economic Policy regarding the European Common Market, by the US State*

Department on the EEC Treaty, Washington, April 11, 1957, p.5
（http://www.ena.lu/）
（12）T.E. ジョスリン，S. タンガマン，T.K. ワーレイ，塩飽二郎訳『ガット農業交渉50年史―起源からウルグアイ・ラウンドまで』(社)農山漁村文化協会，1998年，p.65
（13）SOYINFO CENTER, William Shurtleff and Akiko Aoyagi, *History of World Soybean Production and Trade - Part 1*, 2007 を参考とした。
（14）前掲（12）の p.65
（15）前掲（7）の p.364
（16）国連食糧農業機関（FAO）のデータベース（FAOSTAT），および USDA の需給動向資料より。
（17）Robert L. Paarlberg, *Food Trade and Foreign Policy*, Cornell University Press, 1985, p.121
（18）U.S. Department of Commerce, *Statistical Abstract of the United States 1988*, p.450
（19）農政研究センター編『国際食料需給の構造』御茶の水書房，1975年，p.24
（20）青木公『ブラジル大豆攻防史』国際協力出版会，2002年，p.35
（21）朝日新聞 1973（昭和48）年6月29日朝刊より。
（22）全国農業協同組合中央会『ガット関連情報（9-5号）』1992年9月30日を参考とした。
（23）USDA, ERS, *Upcoming World Trade Organization Negotiation Issues for the U.S. Oilseed Sector*, Oil Crop Situation and Outlook, October 1999, p.29
（24）衆議院農林水産委員会調査室『ガット・ウルグァイ・ラウンド農業交渉関係資料（最終版）』1994年，p.19
（25）石川博友『穀物メジャー』岩波新書，1981年，p.194

第4章

アメリカ・南米農業国の競争と多国籍企業の戦略

1. 戦争を通じて台頭してきた穀物メジャー

5大穀物メジャーの誕生

　カーギルやブンゲなどの穀物メジャーの歴史は，必ずしも十分に明らかにされていない。1970年の初めまでは，欧米の社会でも穀物メジャーの情報がほとんど公表されず，市民の関心を引くことはなかった。穀物メジャーの多くは同族会社であり，その事業規模や財務内容も厚いベールに覆われてきたのである。穀物メジャーの事業展開の一端をマスコミ報道に登場させた発端は，1970年代の穀物危機であった。

　1972年にソ連は大量の穀物をアメリカやアルゼンチンから輸入した。この裏舞台で穀物メジャーが暗躍し，短期間に大量の穀物取引がイデオロギーの枠を越えて実現した。これがきっかけとなり，穀物メジャーの事業に多くのマスコミが関心を強めることとなった。これに続いてマスコミの注目を集めるような事件が，1974年アメリカのルイジアナ州ニューオリンズ港で起こった。穀物メジャーの1つクック・インダストリーの幹部が全米貨物船局の穀物調査官に賄賂を贈り，輸出用の穀物の重量をごまかした事件である。この穀物スキャンダルは数社の穀物メジャーへ波及して「60人以上が有罪となり，このうち12人が刑の執行を宣告された」[1]。当時のマスコミ報道では特に「アメリカ国籍のカーギル，コンティネンタル・グレイン，オランダ国籍のブンゲ，フランス国籍のルイ・ドレフェス，スイス国籍のアンドレの5大穀物メジャー」[2] が注目を集めた。

なお，1998年に世界第2位の穀物メジャーといわれたコンティネンタル・グレインがカーギルに吸収合併され，その後の「5大穀物メジャー」にはカーギル，ブンゲ，ドレフェス，アンドレにADM（アーチャー・ダニエル・ミッドランド）が加わった。これら5社は，ADMを除いて，すべて株式を公開していない。経営実態に関する情報はほとんど公表されてこなかった。ただし近年は，スイス国籍のアンドレを除く4社がそれぞれホームページを立ち上げ，その歴史や企業方針，事業の概要について一定の情報発信がなされている。これらの情報に加え，ダン・モーガンの『穀物商人』（*Merchants of Grain*）[3]，石川博友の『穀物メジャー』等を参考にして，5大穀物メジャーの概要を表4-1〜5に整理した。

　5社の発展の歴史には，いくつかの共通点がみられる。会社創設の歴史はADMの1902年を除くと，ブンゲの1818年からアンドレの1877年と，19世紀にまでさかのぼる。特にヨーロッパを創始地とするドレフェス，ブンゲ，アンドレの初期の歴史は，穀物貿易がイギリスの輸入増大を軸に拡大していく19世紀前半から中葉の時代と重なってくる。また，アメリカを創始地としたカーギルとADMも，アメリカ産小麦等のヨーロッパ向け輸出が増え始めた19世紀中葉にその事業を拡大していったのである。

　5大メジャーの創始者たちは，第1章で述べたように，第1次世界大戦と第2次世界大戦という混乱と破壊と疲弊の荒波のなかで，穀物の集荷・輸送・販売の事業を広げ，資金的な基盤を築き上げた。例えば1864年に本部をバーゼルからチューリッヒへ移したドレフェスは，1900年までにヨーロッパや北米，アルゼンチン，インド，ロシア等で114か所の海外事務所をすでに展開していた。国際的な穀物貿易のネットワークを，今から100年以上も前に確立したのである。1930年にカーギルは，当時の穀物貿易の拠点港であったオランダのロッテルダムやアルゼンチンのブエノスアイレスに事務所を開設し，南米とアメリカ，ヨーロッパを結ぶ貿易事業に進出した。また，スイス国籍のアンドレは，アメリカに設立した子会社（ガルナック）を通じてアメリカの穀物を中立国スイスへ運び，さらにヨーロッパ各国へ配送する陸運事業へ連結させるため，

表 4-1　カーギル社（Cargill Inc.）の概要

創立者と経営陣	○創立者はウィリアム・ウォーレス・カーギル（スコットランド系のアメリカ人）。1865 年アイオワ州コノヴァーで穀物倉庫の経営を開始 ○現在は，カーギル家とマクミラン家による同族経営会社。なお，1998 年にカーギルに次ぐ世界第 2 位の穀物メジャー，コンチネンタル・グレイン社を買収。株式は非公開
本拠地	○ミネソタ州ミネアポリス
19 世紀終わりから 20 世紀初頭	○穀物倉庫，カントリーエレベーター，ターミナルエレベーターの買収・建設を通じ中西部を中心基地にして事業を拡大 ○製粉業，金融，種子，木材等の事業へ拡大
20 世紀前半の海外展開	○1928 年初めてカナダ・モントリオールに海外事務所開設。1930 年オランダのロッテルダム，アルゼンチンのブエノスアイレスに海外法人設立 ○1930 年代の農業不況の時代に，ミシシッピ川の河川輸送システムを強化するため，倉庫事業を拡大し，バージ（平底荷船）建設会社を設立し輸送事業へ参入 ○1940 年ドイツ軍のヨーロッパ侵攻でオランダから撤退。穀物輸送船の造船業に参入 ○1945 年ミシシッピ川河川輸送用のバージ購入，飼料工場買収 ○1947 年アルゼンチン・ブラジル事務所の再開設，ハイブリッド種子事業開始。1949 年ブラジルでのカントリーエレベーター事業開始
1950～60 年代の海外展開	○1953 年ベルギーのアントワープに子会社のトレーダックスを開設 ○1956 年スイスのジュネーブにヨーロッパの事業本部（子会社のトレーダックス・インターナショナル）を設立 ○1959 年カナダのケベックに穀物輸送センターを建設し，5 大湖・セントローレンス川・ケベック経由のヨーロッパ向け穀物輸送ルートを構築 ○1963 年ペルーで魚粕事業を開始 ○1965 年ブラジルにカーギル・アグリコーラ（子会社）設立 ○1968 年カーギル韓国，1969 年カーギル台湾設立
1970 代以降の海外展開	○1977 年ブラジルで濃縮ジュース事業，オランダでトウモロコシ加工事業，1978 年オーストラリアで製塩事業をそれぞれ開始 ○1970～80 年代にアメリカ国内では肥料，農薬，輸送，石油，金融等の事業を拡大し，フランス，イギリス，ドイツ，ケニア，パキスタン，マレーシア等へ進出。1988 年中国に初めて進出（綿実搾油業） ○1996 年インドの港湾施設事業へ参入 ○1998 年コンチネンタル・グレイン社を買収。ヨーロッパ・南米等の海外会社・施設をすべて吸収 ○2004 年以降，ブラジル，インド，アラブ首長国連邦等で事業拡大
現在の概要	○68 か国で農業，金融，加工，運輸サービス，エネルギー，鉄鋼等の事業を展開。職員総数は 15 万 9000 人。取り扱う農産物は穀物，油糧種子，砂糖，綿花，畜産物，酪農製品，でんぷん，植物油，種子等 ○集荷・輸送業では自らターミナルエレベーター，港湾施設等を経営，バージ・船舶の建設・所有
事業の規模	○2009 年度の総売上 1,166 億ドル（前年比 3％減），収益 33 億 3,300 万ドル（同 16％減） ＜1995 年段階の情報＞ ○世界および全米第 1 位の穀物輸出企業（アメリカの穀物輸出量の約 25％），340 基の穀物エレベーターを所有（全米 1 位），世界最大の綿花貿易企業，全米第 2 位の大豆搾油企業，アルゼンチン第 2 位・フランス第 3 位の穀物輸出企業 ○アメリカ国内事務所 300 か所，海外子会社等 300 か所，800 工場経営

資料：当該会社のホームページ，Dan Morgan, *Merchants of Grain*, 1979, 石川博友『穀物メジャー』岩波新書，1981 年などを参考に作成した。表中の＜1995 年段階の情報＞は，Richasreeman, *Control by the Food Cartel Companies: Profiles and Histories*（larouchepub.com/other/2249_cartel_companies.html）を参考にした。

表4-2 ルイ・ドレフェス社（Luis Dreyfus SAS）の概要

創立者と経営陣	○ 1851年レオポルト・ルイ・ドレフェス（フランス領アルザス地方生まれのユダヤ人）がスイスのバーゼルで小規模な小麦取引事業を開始。ドレフェス家の同族会社で株式は非公開
本拠地	○本部はパリにあるが，実質的な事業の本拠地はアメリカ
19世紀終わりから20世紀初頭	○ 1860年ドイツとフランスで小麦等の流通，販売事業を拡大 ○ 1864年スイスのチューリッヒへ本部を移し，ロシアへの進出など本格的に貿易事業へ参入。特にウクライナ地方の小麦を集荷し，黒海の積み出し港オデッサから地中海へ運ぶ事業をこの時期にほぼ独占 ○ 1900年までにヨーロッパ，北米，アルゼンチン，インド，ロシア等での海外事業を拡大（海外事務所は114か所に達した）
20世紀前半の海外展開	○ 1946年までに，戦後の主要な輸出事務所をニューヨーク，シカゴ，ヨハネスブルグ，上海，ボンベイ（現在のムンバイ），メルボルンへ集約 ○戦後，いち早く金融事業へ参入
1950～60年代の海外展開	○ 1950年代は戦前の事業回復に専念。1969年以降は，穀物事業に加えて綿花・天然ガス・不動産等へ事業を拡大
1970代以降の海外展開	○ 1992年アルゼンチンのパラナ川港湾施設近代化プロジェクトへ参画し，大豆搾油事業を拡大 ○ 2001年太平洋北西岸の穀物輸出関連施設の運営でカーギル社とジョイントベンチャーを開始 ○ 2006年以降，南米の搾油事業の近代化，アメリカのバイオディーゼル事業拡大，輸送事業の子会社への集中化など，事業の拡大と効率化を推進
現在の概要	○穀物，油糧種子，砂糖，綿花，エタノール，コーヒーなどの輸送，加工，貿易事業に加え，天然ガス，バイオ燃料等のエネルギー事業，不動産事業，電気事業等を推進 ○海外の事業展開は50か国
事業の規模	（非公開） <1995年段階の情報> ○フランス第1位・世界第3位・全米第4位の穀物輸出企業，アルゼンチン第5位の穀物輸出企業，世界最大のロシア向け穀物輸出企業 ○パナマックス級の穀物輸送船，天然ガス・化学製品等の輸送船など合わせて47隻を所有・運航

資料：表4-1と同じ。

造船業と海運業にまで事業を多角化していた。

第1次世界大戦の戦争特需で台頭した穀物メジャーの受難

しかし，第2次世界大戦は穀物メジャーに不幸な運命をもたらした。特に，ユダヤ系の一族が経営者であったドレフェスやアンドレ，ブンゲは，1940年4月，ドイツ軍のベルギー・オランダ・フランス侵攻が始まるまでにヨーロッパから逃げ出さざるを得なくなった。カーギルに買収されたコンティネンタル・グレインの創始者たちも同様であった。第1次世界大戦の戦争特需で事業を拡大し，大富豪へのし上がっていた穀物メジャーの一族は，ナチス（国家社会主

表4-3 ブンゲ社 (Bunge Corporation) の概要

創立者と経営陣	○1818年ヨハン・ピーター・ブンゲがアムステルダムで穀物等の貿易商を開始。ユダヤ系の同族会社で株式は非公開
本拠地	○本部は税金対策でオランダ領アンティル諸島キュラソー（租税回避地）に置くが，実質的な本拠地はアメリカ
19世紀終わりから20世紀初頭	○1859年にベルギーのアントワープへ移り，貿易事業を本格化。19世紀後半にアルゼンチン，ブラジルでの穀物集荷・販売事業を拡大 ○特にアルゼンチンでは，金融・製粉・繊維・塗料・鉱山・缶詰・搾油事業など，広範な事業の多角化を実施 ○19世紀末に当時の実質的な本拠地をアントワープからアルゼンチンへ移転
20世紀前半の海外展開	○20世紀前半にアメリカ，ブラジルを中心に穀物の集荷・流通・貿易事業を拡大。アメリカ中西部を中心にカントリーエレベーターを買収・建設 ○1947年ブラジルに船舶輸送会社を設立し，ヨーロッパへの貿易拡大
1950～60年代の海外展開	○1961年以降，ミシシッピ川のターミナルエレベーター建設を通じてアメリカ国内からの穀物輸出事業を強化 ○1967年アメリカで搾油工場を建設するなど，加工事業を拡大
1970代以降の海外展開	○1970～80年代に事業のいっそうの多角化に着手。1987年以降，食品の加工・流通サービス事業へ参入 ○1997年にブラジルの肥料事業を拡大。2000年に中国での事業を本格化 ○2002年デュポン社と事業提携。創始地のヨーロッパへ戻り事業を拡大。2007年以降，ブラジル，ヨーロッパでのバイオ燃料事業を開始
現在の概要	○世界最大の油糧種子加工会社の1つ。世界最大のトウモロコシ加工企業 ○ブラジル最大の肥料生産販売会社。他の穀物メジャーに比べ事業の多角化は農業部門に限定的だが，近年はバイオ燃料事業を強化
事業の規模	○30か国以上で450か所以上の施設を通じ多角的な事業を展開。職員総数は2万5000人 ○アメリカ法人の2008年の販売額は526億ドル，純収益10億ドル，総取扱量1億3800万t ＜1995年段階の情報＞ ○全米第1位のドライコーン加工企業，ブラジル第1位の穀物輸出企業，全米第2位の大豆製品（大豆粕・油）輸出企業，全米第3位・世界第4位の穀物輸出企業，アルゼンチン第7位の穀物輸出企業，全米第3位の大豆加工企業

資料：表4-1と同じ。

義ドイツ労働者党）の標的にされることを十分に承知していた。

　当時，穀物商人の多くがユダヤ人であった背景には，悲惨な差別問題があった。ヨーロッパ各国に分散して暮らしていたユダヤ人はそれぞれの国ではマイノリティの集団であり，差別の対象にされてきた。多くの国でユダヤ人は「土地を所有することも，軍人や公務員になることも禁止された。彼らが商売や金融の世界へ引き寄せられていったのも無理のないことであった」[(4)]。資金力のある穀物商人ほど，農家へ金を貸し，出来秋により多くの穀物を集めることができた。ただし，穀物貿易が遠距離の商売になればなるほど，決済等を家族以

表 4-4　ADM 社（Archer Daniel Midland）の概要

創立者と経営陣	○1902 年ジョージ A. アーチャーとジョン W. ダニエルが共同で亜麻仁油の搾油工場をミネソタ州ミネアポリスに創設
本拠地	○イリノイ州ディケーター
20 世紀前半の事業展開	○搾油事業の拡大に加え 1925 年に穀物集荷事業に参入 ○1929 年に大豆搾油事業を拡大し，トウモロコシ油生産にも着手
1950～60 年代の事業展開	○1963 年ルイジアナ州で穀物輸出ターミナル施設を建設し，穀物輸出事業へ本格的に参入 ○1960 年代末までに事業の多角化の検討に着手
1970 代以降の海外展開	○河川流通，アルコール飲料，バイオ燃料，製粉・食品加工など広範囲に事業の多角化を展開 ○1983 年香港にアジア太平洋 ADM を設立し，海外事業の拡大に着手 ○1986 年以降ドイツ，オランダ，ソ連，中国へ進出して搾油事業等を展開し，1997 年にブラジルの地元企業の買収等で事業拡大 ○2003 年にはブラジルなどの南米諸国で穀物サイロ 5 か所を買収し，南米諸国での穀物・大豆貿易事業を拡大
現在の概要	○アメリカ，ブラジル，EU 等でバイオ燃料事業を強化するとともに，第二世代バイオ燃料開発の事業を強化 ○搾油事業を軸に穀物等の集荷・輸送・貿易，加工・食品サービス，飼料・肥料供給など，多角的に事業を拡大して急成長を実現
事業の規模	○世界 60 か国以上で 230 か所の加工施設を中心に事業を展開。職員総数は 2 万 8,000 人。2009 年度の売上高は 690 億ドル ＜1995 年段階の情報＞ ○全米第 1 位の大豆搾油企業（シェアは 30～35％）ウエットコーン加工企業，世界第 1 位のバイオエタノール生産企業，全米第 2 位の製粉企業，全米第 2 位の穀物エレベーター容積の保有企業
農業関係の主な流通・運輸等の施設	○油糧種子搾油工場 44 か所，小麦製粉工場 43 か所，ココア豆加工工場 17 か所，トウモロコシ加工場 7 か所，バージ 1,700 隻，貨物列車 2 万 3,500 両，トレイラー1,600 台，トラック 700 台など

資料：表 4-1 と同じ。

外の者に任せることが難しくなる。それに，大量の穀物取引の情報がもれれば，価格が一気に吊り上げられる。取引には秘密厳守が必須条件であった。そのため，穀物取引を拡大する上で「しっかりと結びついたユダヤ人の家族の結束が 1 つの財産であったのだ」[5]。

　ナチスに追われたユダヤ系穀物メジャーの家族の逃避先は 2 つに分かれた。コンティネンタル・グレインを創始したフリブール一族の総帥ジュールは「親戚・親友 13 人を引き連れ，ピレネー山脈を徒歩で越えてポルトガルへ入り，（中略）フリブール家所有の貨物船でニューヨークへ逃げた」[6]。ドレフェス家の一族には，ひそかにかくまってもらえるような強力な組織的つながりがアメリ

表4-5 アンドレ社（André Co.）の概要

創立者と経営陣	○1877年ジョルジュ・アンドレがスイスのニヨンでロシア産のパスタ用小麦の輸入業を開始 ○アンドレ家の同族企業で，情報はほとんど開示されていない
本拠地	○スイスのローザンヌ。アメリカ法人はカンザス州ショーニー
20世紀前半の事業展開	○1937年にアメリカへ進出し，ガルナック社を設立 ○第2次世界大戦中に海運業へ進出。アメリカのガルナック社を通じてアメリカ産の穀物等を中立国スイスへ輸送するなど，大戦を通じて造船・海運業を拡大 ○戦前からスイス本部が各国子会社の金融センターとしての役割発揮 ○戦後は特にソ連，東ヨーロッパ諸国との取引で主導的な役割を発揮。スイス国籍の穀物メジャーとして，融資・バーター取引・三角貿易などで独自のネットワークを拡大
1950年代以降の海外展開	○アメリカ法人を中心に穀物取引の拡大，事業の多角化，海外進出を強化
事業の規模	（非公開） ＜1995年段階の情報＞ ○南アフリカ第1位・全米第5位あるいは第6位・世界第5位の穀物輸出企業

資料：表4-1と同じ。

カには存在しなかった。フランス降伏と同時にフランス系企業のアメリカ国内の資産が凍結され，ニューヨークで事業を展開していたドレフェスの子会社は動きがとれない状況に陥っていた。そのため，パリ陥落後もドレフェス家の一族は「ただちにフランスを離れず，一端マルセーユに移って」[7]しばらく身をひそめた。その後家族の一部は密かにアルゼンチンへ逃げ，別の家族はフランス地下組織の支援を得てピレネー山脈を越え，イギリスを経由してアルゼンチンへ逃げ込んだ。ドレフェス社は第1次世界大戦の戦争特需を基盤にして，アルゼンチンでの事業をすでに幅広く展開していた。ヨーロッパから移民した農家への融資，肥料などの供給，穀物の集荷，イギリス等への輸出と，ドレフェスはアルゼンチンの農業界を支配するほどの力を蓄えていたのである。

ブンゲも同様であった。19世紀前半にオランダとベルギーを事業拠点としたブンゲ一族は19世紀末にアルゼンチンへ移り，穀物メジャーとしては最も早くから南米での事業を拡大していた。当時アルゼンチンでは「ブンゲは農家に金を貸し，種を売って穀物を買ってくれるが，収穫の時期になると首吊り用のロープも併せて農家へ売りつける」とまでいわれた[8]。厳しく借金の取立てをしたブンゲに対して農民が強く反発していた状況を想像することができる。

ナチスに追われてアメリカやアルゼンチンへ逃避したユダヤ系の穀物メジャーは，戦争が終わってもヨーロッパへすぐには戻らなかった。アルゼンチンなどへ逃れていた一族が次に目指したのはアメリカであり，アメリカに逃げ込んだ者もアメリカを新たな基地にして事業の再建，国際的なネットワークの再構築を図ろうとしたのである。

2. アメリカの余剰農産物の処理を通じて力をつけた穀物メジャー

「戦後処理」と穀物メジャー

戦後における穀物メジャーの事業の復活と国際的なネットワークの再構築にとって，第3章で述べた「アメリカ農業の戦後処理」が大きく貢献した。さらに，この「戦後処理」にかかわった穀物メジャーの事業展開は，アメリカ農業の構造変化にも影響を与えたといえる。このような貢献と影響については，次の3つの視点から整理をすることができる。

第1は，アメリカ農業の戦後処理が穀物メジャーにどれだけ利益をもたらしのか，という視点である。第2次世界大戦の終結後1946～47年に，アメリカはヨーロッパ諸国に対して約200億ドルの長期低利融資による経済復興支援を皮切りに，総額120億ドル以上のマーシャル・プラン（1948～52年，ヨーロッパ経済復興援助計画），そして1954年からは「農産物貿易開発援助計画」（公法480号による「平和のための食料計画」）と，たて続けに大規模な食料援助と経済開発支援を行った。ヨーロッパ諸国に加え親米の先進国と多くの開発途上国を対象とした公法480号による農産物の輸出額は，1954～65年の間に年間13億～16億ドルにも達したのである。

戦後の食料援助や「平和のための食料計画」は取扱い物資の規模が大きく，小麦等の集荷，輸送船の手配，ヨーロッパ側との連絡・調整などの一連の業務を緊急に行わなければならなかった。戦後の混乱のなかでこれらの事業全体をアメリカ政府が委託できたのは，戦前から国際的なネットワークを通じて穀

貿易を拡大していた穀物メジャーしか存在しなかった。アメリカ政府も被援助国のイギリスなども，結局は穀物メジャーの力に頼るしか方法はなかったのである。特に，公法480号による余剰農産物の安売り援助は，先進国だけでなく多くの開発途上国を対象としていた。国際的なネットワークを有しないアメリカ国内の中小の貿易会社には，迅速な海外輸送を任せることができなかった。

　ブルースター・ニーンは著書『カーギル』のなかで，「平和のための食糧法に促されて，カーギルは1954年にパナマに事務所を開設して穀物取引における世界的攻勢の口火を切った」[9] と記している。さらに同書によると，「1955年から1965年までの間にカーギルによる合衆国産穀物の輸出は400％増加し，販売額は8億ドルから20億ドルに上昇した。1963年までにカーギルとコンティネンタル・グレイン社の公法480号による売上は，それぞれ10億ドルに達した」[10] のである。カーギルの正味資産は，「1955年度の約4000万ドルから1965年度には1億ドル近くに達しており，この期間に売上高は8億ドルから20億ドル近くに拡大，『フォーチュン』誌50大流通企業のなかで第6位を占める」[11] に至っている。

　第2は，穀物メジャーがアメリカ政府の食料援助等の代理業務を継続的に行うことによって収益を積み重ねたことが穀物メジャーの事業戦略へどのような影響を与えたのか，という視点である。それは，表4-1〜5（p.93〜97）に示されているように，海外ネットワークのさらなる拡大であり，事業の多角化であった。カーギルは，終戦直後から穀物輸送用のバージ（平底荷船）を購入し，ミシシッピ川を通じた河川輸送の事業強化に乗り出すとともに，1956年にはジュネーブに子会社のトレーダックス・インターナショナルを設立し，ヨーロッパ事業の拠点を強化した。さらに，1960年代までにブラジル，ペルー，韓国，台湾等でのネットワークと事業を拡大し，輸送体制を強化するとともに，飼料生産，金融事業，畜産，種子等へ事業の多角化を大規模に進めたのである。

　第3は，穀物メジャーの事業拡大と経営の多角化がアメリカ農業の構造へどのような影響を与えたのか，という視点である。それは農業の規模拡大であり，中小農家の離農・脱落の促進であった。穀物価格は，戦後の数年間は好況

を呈したが，その後は過剰供給と商業ベースの輸出低迷によって厳しい状況が続いた。1970年代の穀物ブームが到来するまでの20年以上にわたって過剰在庫に苦しんだ小麦の農場渡し価格をみると，1948～50年の1ブッシェル当たり1.95ドル（3年間平均）が1958～60年には1.75ドル，1968～70年には1.29ドル，トウモロコシでは1.34ドル，1.06ドル，1.19ドルと，深刻な低迷状態が続いたのである[12]。このため，穀物メジャーにとっては穀物取引の手数料収益が漸減し，集荷・輸送のコストを可能な限り削減するために，いっそうの大量集荷・大量輸送が求められ，とりわけミシシッピ川などを通じた穀物の河川流通の効率化を進めなければならなかった。農家の穀物を集める農協等のカントリーエレベーター（産地倉庫）から河川沿いの大規模なターミナルエレベーターへ穀物を輸送し，これをバージに積み込んで河川輸送ルートへ乗せ，ヨーロッパや日本向けの穀物専用船へ積み込むシーポートエレベーター（港頭倉庫）へ運び入れる。こうした一連の大規模な施設の買収や建設を通じて輸送システムの整備に穀物メジャーは競って投資を行ったのである。

　換言すれば，集荷・輸送の大規模化が穀物価格を低位に推移させることを可能とし，その結果，十分な農業収益を確保できない中小の穀物農家は離農せざるを得なくなったのである。表4-6は，1940～60年代におけるアメリカの農家の規模拡大を示している。1949～69年の20年間に農家戸数は491万戸から273万戸へほぼ半減し，家族経営農家（表4-6の注参照）の数も464万戸から258万戸へ大幅に減った。

　総農家戸数に占める家族経営農家の割合は，戸数の上では95％と極めて高いが，そのなかでも年間の販売額が1万ドル以上の家族経営農家の戸数は，1949～69年の間に2倍以上に増えた。こうした大規模な家族経営農家が全米の農産物販売総額に占める割合は，21％から48％へ大幅に伸びたのである。

　穀物等の価格低迷が続くなかで，特に1960年代に農業収支が悪化したことも小規模農家を離農に追い込む原因となった。1961～70年の10年間に，肥料・種子等の値上がりによって総生産費（全米計）は271億ドルから411億ドルへ1.5倍に増えたが，純農業所得は126億ドルが168億ドルに増えたにとどまり，兼

表4-6 1940～60年代におけるアメリカの家族経営農家の減少

(単位：千戸，百万ドル，カッコ内は％)

農家の規模	農家の規模別戸数			農家の規模別農産物販売額		
	1949年	1959年	1969年	1949年	1959年	1969年
全農家	4,905 (100)	3,695 (100)	2,726 (100)	22,280 (100)	30,362 (100)	44,026 (100)
家族経営農家以上の大規模農家	264 (5)	165 (5)	146 (5)	8,250 (37)	9,226 (30)	16,730 (38)
家族経営農家	4,641 (95)	3,530 (95)	2,580 (95)	14,030 (63)	21,136 (70)	27,296 (62)
うち，年間販売額が1万ドル未満の農家	4,301 (88)	2,892 (78)	1,773 (65)	9,282 (42)	8,391 (28)	6,164 (14)
うち，年間販売額が1万ドル以上の農家	340 (7)	638 (17)	807 (30)	4,748 (21)	12,745 (42)	21,132 (48)

資料：Ingolf Vogeler, *The Myth of the Family Farm*, Westview Press/Boulder, Colorado, p.13 より転載（一部削除）。
注：「家族経営農家」は，農場の支配人を雇用せず，年間1.5人以上の労働者を雇用していない農場を意味する（当時のアメリカ農務省の定義による）。

業所得に頼れない地域を中心に離農する農家が増えたのである[13]。

ハイブリッド種子と穀物メジャー

穀物メジャーの集荷・輸送事業の効率化と大規模化の流れは，1960年代以降のアメリカ農業の構造変化とアグリビジネスの集約化をもたらす1つの大きなきっかけとなった。

この関連で触れておく必要があるのが，アメリカ農業の生産性の向上，穀物等の単収増加である。アメリカでは特に1950年代の前半以降，小麦やトウモロコシに加え大豆などの油糧種子の単収がほぼ毎年のように伸び続けてきた（表4-7）。

戦後の約60年間に小麦の単収は2.4倍，トウモロコシは4.7倍，大豆は2.2倍の伸びを達成した。大幅な単収増の背景には，肥料・農薬の投入増や収穫機械の改良があったが，最大の要因は新たな種子開発である。特に，農務省とコネティカット州立大学が1920年ころに共同開発したトウモロコシのハイブリッド種子（F_1）の普及が戦後急速に進んだことが単収増に大きな役割を果

表 4-7　1940～70 年代におけるアメリカの穀物・大豆の単収の推移　(年間平均)　　(単位：kg/ha)

年度	小麦	トウモロコシ	大豆
1940～44 年	1,150	2,002	1,217
1945～49 年	1,143	2,234	1,325
1950～54 年	1,163	2,416	1,365
1955～59 年	1,486	2,969	1,520
1960～64 年	1,679	4,047	1,614
1965～69 年	1,852	4,929	1,730
1970～74 年	2,105	5,280	1,796
1975～79 年	2,114	5,972	1,977
2003～07 年	2,803	9,419	2,716

資料：USDA の年度別農業統計，および FAOSTAT より作成。

たした。ちなみに，ハイブリッド種子は人為的に開発された交配種で，従来の品種に比べ成長が早く，一斉に発芽して一斉に収穫できるなど個体間のバラつきが少ないという性質があるため，収量が多くなるという特徴がある。ただし，収穫される種子は「親」と違う性質になるなど品質が一定しないという欠点があり，農家は毎年ハイブリッド種子を買わなければならない。そのため，ハイブリッド種子の普及には時間がかかった。

　トウモロコシの同種子は 1935 年ころから普及し始めたが，ハイブリッド種子の播種面積の割合は 1942 年の段階で 46％にしか達していない。ところが戦後，農務省が進めた減反政策は減反面積を基礎に補助金を農家へ支給したため，限られた作付面積から多くの収量をあげて所得を確保したい農家は競ってハイブリッド種を導入した。その結果，1960 年には 95％に達したのである。

　穀物メジャーは，種子開発の研究に当初からかかわることはなかった。1862 年にアメリカ農務省が設立されて以来，穀物等の新品種の開発は州立大学農学部の研究所との連携によって進められてきたためである。しかし，トウモロコシのハイブリッド種子の開発以降，「種子開発が大きな利潤を生むものであることが明らかになったのが契機となり，1930 年代からは民間企業の種子開発に対する関心が大きく開けてきた」[14] のである。

　マーシャル・プランによる援助用食料の輸送など，政府の下請け事業を担う

ことによって利益を積み重ねていた穀物メジャーは，1960年代から種子開発に力を入れ始めた。このような流れに勢いをつけたのが，1970年の「植物品種保護法」である。同法の公布によって民間企業の新品種開発の権利と特許登録が法的に保護されることとなった。植物品種保護法は種子事業の民営化であり，種子の特許権を握っていたアメリカ政府がその権限を民間へ移したという意味で，規制緩和，小さな政府への1つの重要な転換点をもたらしたとみることができる。

なお，表4-1等の5大穀物メジャーの事業展開にもみられるように，1970年代以降の事業多角化という流れのなかで，種子事業の海外展開が積極的に進められた。新たな種子の普及と生産物の集荷・販売をリンクさせて市場シェアを拡大していくという穀物メジャーの事業戦略が，その後各国の市場で強まっていくのである。例えば，『韓国園芸産業の発展過程』を姜暎求と共著で書いた柳京熙は，韓国における穀物メジャーの種子市場への進出を分析し，「（韓国の）ダイコンやハクサイなどは7〜9割海外採種となっている。やはり多国籍企業である種子会社が国内種子供給の5割近くを占めている」[15]と記している。

3．穀物メジャーの世界戦略の始動

農政改革を求め始めた穀物メジャー

1970年の植物品種保護法の公布がもたらした規制緩和という流れには，穀物メジャーの強い影響力が働いてきたと筆者は考える。1961〜63年のケネディー政権の時代に始まったカーギルを中心とする穀物メジャーの政策提言活動（ロビー活動）の延長線上で，この流れが生じてきたのである。繰り返し述べてきたように戦後のアメリカ農政は余剰農産物の処理に苦しんだ。1960年代に入ると，アメリカの貿易収支は悪化し始め，農業の世界でも輸出志向型の農政推進が重要な政策課題となってきた。こうしたなかで，それまでロビー活動など目立った行動はできるだけしないという基本方針を貫いてきたカーギルが，当時のケネディー政権に対し農政改革を求めるという動きに出たのである。

1962年に入ると，カーギルの政府・議会対策担当（のちに広報担当副社長）のウイリアム・ピアース広報部長がミネソタ州の本社からたびたびワシントンを訪れ，農務省高官や関係議員へ農業政策の変更を求めるロビー活動を展開した。カーギル側は，「平和のための食料計画」などの「不自然な政策に頼って輸出を増やすのではなく，政府の役割を小さくするべきだ」(16)と主張したのである。ケネディー政権の発足直後，フリーマン農務長官は20％以上の減反に協力する農家には保証価格を引き上げる政策を検討していたが，穀物メジャーを代表してロビー活動を開始したカーギルは「価格支持を国際価格水準へ引き下げ，トウモロコシの輸出補助は廃止すべきだ」(17)と，逆の主張を展開した。つまりカーギルは，輸出補助など自分たちが得る当面の利益を返上してでも，中・長期的な利益の拡大を目指して，アメリカ政府による輸出促進への介入に反対したのである。しかし，穀物メジャー側のこうしたロビー活動は，南部農業州の与党民主党農業議員などの反対で実を結ぶことはなかった。それでも，これを契機に穀物メジャーは全米穀物協議会等のさまざまな組織を通じて，農業政策の変革を求める議会対策を強めていくことになる。（ちなみに，ウイリアム・ピアースは1969年にカーギルの広報担当副社長を辞め，ニクソン政権に貿易交渉担当次席代表として参画した。）

　1973年，価格支持を国際価格水準へ引き下げるべきだとする穀物メジャーの主張が1973年の農業法（農業・消費者保護法）の成立に重大な影響を与えた。

　それまで農務省は，パリティー価格を基礎に設定した融資価格（ローンレート）を軸に穀物等の市場価格の低位安定を図りながら，生産者には減反奨励金を支給してきたが，新たに目標価格（ターゲット・プライス）が融資価格の上に設定され，両価格の差が不足払いとして生産農家へ支払われるという「価格支持・所得補償計画」が導入されたのである。これによって農政改革を求めるロビー活動は，その後大きく様変わりする。

　つまり，再生産を可能とする目標価格の水準を引き上げることに農業団体と関係議員は関心を強め，一方，アメリカ産穀物等の国際競争力を強めようとする穀物メジャーなどのアグリビジネス側は，市場価格へ強い影響を与える融資

価格のいっそうの引下げを追求するようになるのである。不足払いと呼ばれる補助金は，目標価格と融資価格の差が基本となる。このため，市場価格が下がればその差が大きくなり，政府の補助金は増大する。逆に市場価格が目標価格を上回って推移することになれば，補助金はなくなるが，価格が高すぎて輸出が減り，国内には過剰在庫がたまる。このような枠組みのなかで，目標価格と融資価格の水準等をめぐり，農業団体，アグリビジネス，政府，議会との綱引きが展開され，妥協の産物が積み重ねられて今日までのアメリカ農政が形づくられてきたのである。

農政改革を求めた背景

ところで，1960年代からカーギルなどの穀物メジャーが農政の変更を求める動きに出た背景には何があったのか。そこには穀物メジャーの危機感と思惑があったと考えられる。すなわち，第1は，公法480号などの輸出補助に依存した政府の農産物輸出計画の下請け事業には穀物メジャーにとって収益上の限界があり，財政悪化によって輸出補助は早晩破綻するとの危機感である。第2は，輸出補助による農産物貿易の官営化という流れのなかでは自由な事業の展開と収益拡大に展望を見いだせなくなるとの予測であった。第3は，公法480号などの下請けを担うことによって拡大してきた国際的なネットワークを活用して事業と収益を増大できるという国際戦略である。第4は，1950～60年代の世界的な穀物価格の低迷によって穀物輸出の手数料収益が減少し，穀物メジャーは船舶輸送事業や畜産，飼料，搾油，食品加工など高付加価値の商品事業へ事業拡大を図ってきたが，これらの事業を海外へ拡大したいという思惑である。そして最後の第5は，ブラジルやアルゼンチンに比してアメリカ農業の国際競争力が低下しかねないとの危機感であった。

『穀物商人』(Merchants of Grain)のなかでダン・モーガンは「過剰生産によって市場価格が低迷する状況のなかで，ほとんどすべての穀物メジャーは新たな方向への事業の多角化と拡大を進めた。そこでの収益は穀物貿易の事業で得られるものよりも大きいと思われたのだ」[18]と分析し，多角化の具体的な展開を詳しく書いている。

なお，アメリカ国内の耕地面積（牧草地，放牧地を除く）は，1969年に1億8900万haを記録したが，その後は減少へ転じ，1970年代の穀物ブームの時期にあっても総耕地面積は微減を続けたのである（FAOSTAT，なお2007年は1億7040万ha）。1970年代にトウモロコシや小麦，大豆の生産が大幅に増えたのは事実だが，それは綿花やタバコ，砂糖キビ，シュガービート等からの作付け転換によって実現したものであった。アメリカ農業における生産拡大の限界を見越した穀物メジャーは，1970年代の穀物ブームを契機に南米農業国へのウイング拡大という新展開の時代へ入っていくのである。

4. 穀物メジャーが進出した南米農業国

南米主要農業国の共通性

　表4-8は，南米農業4か国の概況を示している。4か国の農業には耕地面積の規模や主要作物の違いはあるが，次のようなほぼ共通した特徴がある[19]。

　○温暖な気候と降雨量（1000〜1500mm）に恵まれ，農業生産にとって適した気象条件がある。ただし，熱帯に属する地域もあり，干ばつや霜害が発生する地域も少なくない。

　○ブラジルとアルゼンチンはそれぞれ5950万ha，3250万haの耕地面積を有するが，両国合わせてもアメリカの1億7040万haには及ばない。ただし，両国には広大な牧草地（放牧用の草地を含む）があり，その面積はそれぞれ1億9700万ha，9980万haで，合わせるとアメリカの2億3700万haを上回る（2007年FAOSTAT）。パラグアイとウルグアイの国土面積はより狭いが，両国とも耕地の6倍から10倍の規模に匹敵する放牧地で大規模な牧畜が展開されている。また，アルゼンチンのパンパ地帯には平たんで肥沃な農業地帯が広がり，ブラジルのセラード地域には未開墾の土地が9000万haに及ぶといわれる。

　○このような生産条件の下で，4か国とも大規模な穀物生産と放牧畜産を発展させてきた。1970年代までにブラジルなどでみられたようなコーヒーや砂糖，タバコ，綿花等の熱帯作物を中心にした伝統的な農業は，1990年代までに一

表4-8 南米の主要な農業4か国の概況

項　目	ブラジル	アルゼンチン	パラグアイ	ウルグアイ
独立	1822年ポルトガルから独立（首都ブラジリア）	1816年スペインから独立（首都ブエノスアイレス）	1811年スペインから独立（首都アスンシオン）	1825年ブラジルから独立（首都モンテビデオ）
国土面積	851万km²	277万km²	40万km²	17.6万km²
耕地の割合	6.93%	10.03%	7.47%	7.77%
人口・人口増加率（2009年推定）	1億9,874万人，1.199%（ポルトガル・スペイン・ドイツ・イタリア系の白人が54%）	4,091万人，1.053%（イタリア・スペイン系の白人が97%）	699万人，2.364%（スペイン系の混血が95%）	349万人，0.466%（スペイン・ポルトガル系の白人が88%）
気候	国土の大部分が熱帯，南部が温帯地域	大部分が温帯地域	亜熱帯および温帯地域	温帯地域
GDP（国内総生産，2008年推定）	1兆5,730億ドル（1人当たり9102ドル）伸び率5.1%	3,265億ドル（1人当たり1万4200ドル）伸び率6.8%	160億ドル（1人当たり4,200ドル）伸び率5.8%	323億ドル（1人当たり1万2,400ドル）伸び率8.9%
農業の位置（2008年推定）	GDPの6.7%，就業人口の20%	GDPの9.9%，就業人口の10%，	GDPの23.1%，就業人口の31%	GDPの9.5%，就業人口の9%
主な輸出農産物	食肉，大豆，コーヒー，砂糖	大豆・大豆製品，トウモロコシ，小麦	大豆，飼料穀物，食肉，植物油	食肉，米，革製品，羊毛

資料：The Central Intelligence Agency (CIA, USA)，*World Factbook*, October, 2009. (https://www.cia.gov/library/publications/the-world-factbook/) より作成。

変した。特に，穀物，大豆，畜産，バイオエタノール生産，熱帯作物を軸にして市場志向型農業の大規模化と多様化を同時に推進したブラジルが，他の南米諸国の農業発展にも大きな影響を与えている。

○4か国とも畜産は牛肉生産が中心であるが，アメリカのようなフィードロットでの肥育はいまだ全体の20%にも達していない。自然放牧によって生産される牛肉の品質評価は劣るが価格は安く，EUや新興国の外食産業などの輸入需要が増大してきた。牛肉輸出の急増は南米農業国の貿易収支改善に大きく貢献している。牛の肥育頭数は，ブラジルで1億7500万頭，アルゼンチン5200万頭，ウルグアイ1200万頭，パラグアイ1050万頭。4か国合わせてアメリカの2.6倍に達する。また，ブラジル，アルゼンチンでは鶏肉（ブロイラー）の生産と輸出が急速に増えている。

輸出国ベスト3に名を連ねる南米農業国

表4-9は，主要な農畜産物の国際市場における南米農業国のシェアのランキングを示している。2007/08年度，ブラジルは牛肉・仔牛肉と鶏肉，砂糖の輸出で世界第1位，大豆・大豆油・大豆粕はいずれも第2位，トウモロコシで第3位である。アルゼンチンは大豆油と大豆粕の輸出で世界第1位，トウモロコシとグレインソルガムは第2位，大豆は第3位である。パラグアイは大豆および大豆油の輸出で世界第4位，トウモロコシは第6位，ウルグアイは牛肉・

表4-9　世界の主な農畜産物市場における南米諸国のシェア（2007/08年度）

品目	南米農業国の世界ランキング （カッコ内は輸出シェア）	主要国の輸出量の伸び率 （2004/05 → 07/08年度）	他の主な競争国 （カッコ内は輸出シェア）
小麦・小麦粉	アルゼンチン5位 (8.8%)	アルゼンチン (24%減)	アメリカ1位 (29.5%) カナダ2位 (14.2%)
トウモロコシ	アルゼンチン2位 (16.0%) ブラジル3位 (8.0%) パラグアイ6位 (1.5%)	アルゼンチン (14%増) ブラジル (5.5倍)	アメリカ1位 (61.8%)
グレインソルガム	アルゼンチン2位 (13.1%) ブラジル6位 (1.3%)	アルゼンチン (4.2倍) ブラジル (4.8倍)	アメリカ1位 (74.6%) オーストラリア3位 (3.8%)
大豆	ブラジル2位 (31.9%) アルゼンチン3位 (17.4%) パラグアイ4位 (6.4%)	ブラジル (26%増) アルゼンチン (45%増) パラグアイ (1.8倍)	アメリカ1位 (39.8%)
大豆油	アルゼンチン1位 (53.1%) ブラジル2位 (22.0%) パラグアイ4位 (2.4%)	アルゼンチン (21%増) ブラジル (1%減) パラグアイ (2.3倍)	アメリカ3位 (12.1%)
大豆粕	アルゼンチン1位 (48.0%) ブラジル2位 (21.8%) パラグアイ5位 (2.0%)	アルゼンチン (30%増) ブラジル (15%減) パラグアイ (73%増)	アメリカ3位 (15.1%)
牛肉・仔牛肉	ブラジル1位 (28.9%) アルゼンチン5位 (6.9%) ウルグアイ8位 (5.1%) パラグアイ9位 (2.7%)	ブラジル (36%増)	オーストラリア2位 (18.5%) インド3位 (9.0%) アメリカ4位 (8.4%)
豚肉	ブラジル4位 (14.1%)	ブラジル (18%増)	アメリカ1位 (27.6%)
鶏肉	ブラジル1位 (39.9%) アルゼンチン7位 (1.3%)	ブラジル (21%増) アルゼンチン (44%増)	アメリカ2位 (36.5%)
砂糖（粗糖）	ブラジル1位 (37.9%)	ブラジル (11%増)	インド2位 (11%)
綿花	ブラジル4位 (5.8%)	ブラジル (43%増)	アメリカ1位 (35.6%)

資料：USDA FAS, *Grains: World Markets and Trade*, October 9, 2009, *Livestock and Poultry: World Markets and Trade*, October 19, 2009, *Tropical Products: World Market and Trade*, October 19, 2009 より作成。
注：ブラジルはコーヒー，タバコ，オレンジジュースの輸出でも世界第1位。

仔牛肉の輸出で世界第8位の位置にある。

　FAOSTAT によると，1997～2007 年の間に，4 か国の農畜産物輸出額は合わせて 305 億ドルから 748 億ドルへ 2.5 倍に増えた。この期間における世界の同輸出総額の伸び率（91％）を大幅に上回る。その結果，農畜産物の世界市場に占める 4 か国のシェアは 6.7％から 8.5％へ高まり，輸出額はアメリカに迫る勢いで増大している（1997 年のアメリカの農畜産物輸出額は 625 億ドル，2007 年は 927 億ドル）。特にブラジルの農畜産物輸出額は，160 億ドルから 428 億ドルへ著しい伸びを示した。

　さらに，表 4-9 の「主要国の輸出量の伸び率」の欄に示したように，過去 3～4 年の間に 4 か国の輸出は高い伸び率を実現した。2007 年秋から 2008 年春にかけて穀物・大豆等の国際価格が高騰し，世界的な食料不足の危機感が強まった際には，「南米こそ新たな世界のパン籠」「南米農業が世界の食料危機を救う救世主」といった南米農業に対する期待感が広まった。表 4-9 にみられるような輸出の伸びが今後も続くと仮定するなら，南米 4 か国がアメリカの農畜産物輸出額を追い抜くことは，もはや時間の問題といえるだろう。

　2007 年，それぞれの国の輸出総額に占める農畜産物の割合はブラジルで 26.7％，アルゼンチン 48.8％，ウルグアイ 54.8％，パラグアイでは 82.0％にも及んでいる（同年のアメリカと EU の割合は 8.0％，7.4％）。1997～2007 年の間に，世界の食肉貿易の額は 1.9 倍に増えたが，4 か国の食肉輸出額は 26 億ドルから 139 億ドルへ 5.3 倍に激増した。なかでも劇的に増えたのはブラジルの牛肉（9.8 倍）と鶏肉（10 倍），それにパラグアイの牛肉（7.6 倍）である。ブラジルの鶏肉と牛肉の輸出額はそれぞれ 50 億ドル，43 億ドルに達したが，両肉の輸出額はこの年の大豆輸出額（67 億ドル）を超えている。アルゼンチンでもトウモロコシの輸出額（22 億ドル）に次ぐのが食肉輸出額（17 億ドル）である（FAOSTAT）。

　南米農業国が食肉の輸出を急激に増やすことができた背景には，畜産の世界に起きた 2 つの「ウイルス事件」があった。1 つは 1986 年イギリスでの発生を契機に 1990 年代以降欧米各国に広がった BSE（牛海綿状脳症）の問題であ

る（2001年に日本で，2003年にアメリカ，カナダで発生）。2つ目は特に1990年代以降，欧米諸国で発生し，2003年以降にアジア諸国へ急速に広まった鳥インフルエンザであった。2つの事件を契機にオーストラリア，アメリカ，カナダ，EUを主要な輸出国としたそれまでの牛肉市場と，アメリカおよびEUが主たる供給国であった鶏肉市場で，南米諸国の輸出シェアが大幅に伸びたのである。今や日本の鶏肉輸入の90％以上がブラジル産であり，EUが輸入する牛肉の70％，鶏肉の60％以上をブラジル1か国が供給している。

国際食肉市場の構造的な変化をもたらした背景には，2つの特殊な事情があった。1つは，自然放牧を基本としてきた南米の牛肉生産は牛の肉骨粉などの飼料に依存することがなかったためにBSEの汚染拡大から免れることができたことである。もう1つは，広大な国土で大規模なブロイラー生産が展開される南米諸国では，現在までのところ鳥インフルエンザが発生していないということである。ちなみに，南米農業国には牛の口蹄疫など衛生上の問題は従来ある。ただし，国家間組織である国際獣疫事務局（OIE：World Oranization for Animal Health，在パリ）がブラジルなどの国土を口蹄疫ワクチン接種清浄地域と，同摂取の不要な不摂取地域，緩衝地域および汚染地域に分け，口蹄疫撲滅の成果を検証しながら，汚染地域を清浄地域へ戻す対策をブラジル政府等と進めてきた。つまり，全面的な輸出ストップという措置は回避されてきたのである。

21世紀に入って急増した大豆の生産と輸出

南米農業国の強みは畜産だけではない。大豆の生産と輸出の急増が特に注目されている。図4-1は，1960年代からのアメリカ，ブラジル，アルゼンチンによる大豆輸出の推移を示している。すでに述べたように世界の大豆市場では，アメリカが圧倒的な輸出シェアを有してきた。1960～70年代には80～90％，1980～90年代には60～80％で推移していた。世界最大の大豆輸出国というアメリカの地位をブラジル，アルゼンチンの両国が脅かすほどの水準に達したのは，21世紀に入ってからである。

1998/99年度から2007/08年度までの10年間に，ブラジルの大豆の生産量

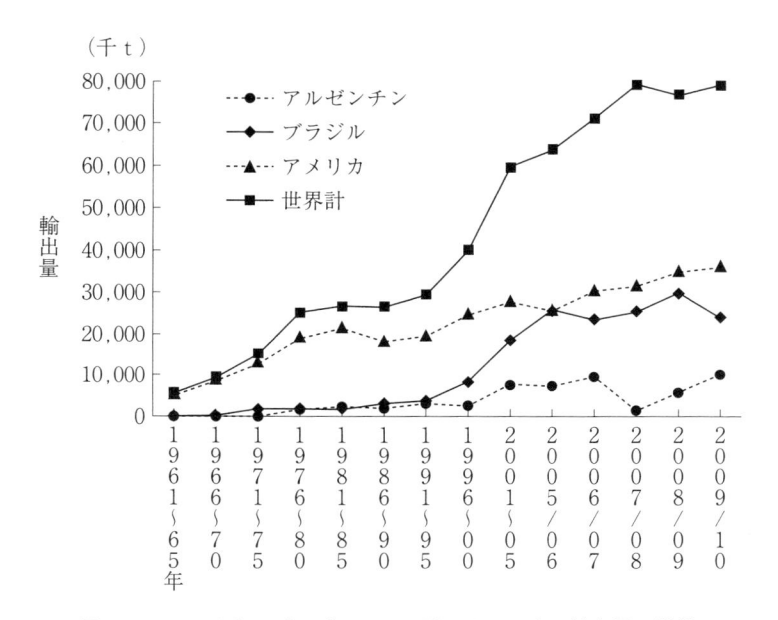

図 4-1　アメリカ，ブラジル，アルゼンチンの大豆輸出量の推移
資料：1961〜65 年の平均値から 2001〜05 年の平均値までは国連食糧農業機関（FAO）のデータベース（FAOSTAT），2005/06 年度から 2009/10 年度は USDA, *Oilseeds: World Markets and Trade*, November 10, 2009 より作成。2008/09 年度は推計値，2009/10 年度は予測値。

と輸出量はそれぞれ 3130 万 t から 6100 万 t へ，890 万 t から 2540 万 t（世界市場のシェア 32％，世界第 2 位）へ激増した。アルゼンチンも 2000 万 t から 4620 万 t へ，310 万 t から 1380 万 t（同 17％，世界第 3 位）へと，驚異的な伸びを実現した。一方，アメリカの生産量は 1998/99 年度の 7460 万 t が 2006/07 年度には 8700 万 t へ増えたものの，2007/08 年度には 7290 万 t へ減った。それでも，この 10 年間にアメリカの大豆輸出量は，中国の輸入急増などによって，2190 万 t から 3150 万 t へ毎年増え続けてきた。しかし，その伸び率はブラジル，アルゼンチンの勢いに及ばず，輸出シェアは 58％から 40％へ落ちている。それに 2005/06 年度には，ブラジルの輸出（2591 万 t）がアメリカ（2558 万 t）を 33 万 t ほど追い抜いて初めて世界 1 位に躍り出るという

第 4 章　アメリカ・南米農業国の競争と多国籍企業の戦略　　111

(USDA), アメリカ側にとっては屈辱的なハプニングも起こった。南米農業国がアメリカを急迫する現象は，トウモロコシやグレインソルガムなどの国際市場でも起きている。

　大豆の輸出増を中心に考えると，その要因は4つある[19]。

　①通貨の切下げが大豆の輸出増を助けたこと。1999年のブラジル通貨危機と通貨レアルの切下げでアルゼンチンは貿易収支を悪化させ，2001年末にはデフォルト（債務不履行）と金融危機に陥り，2002年，固定相場制度から変動相場制へ移行した。2003年ころから為替レートは1ドル＝3ペソ前後へ切り下げられたが，このペソ安で大豆などの輸出競争力を強めることができた。一方，1999年と2002年に深刻な通貨危機に見舞われたブラジルでも，その後2005年ころまでは通貨レアルの切下げが輸出増大を支えることとなった。

　②両国とも土地資源に恵まれていたこと。ブラジルのセラード地域での新規作付けや広大な放牧地の大豆畑への転換など，短期間で作付けを増大できた。1998～2007年の間にブラジルの大豆収穫面積は55％も増え，アルゼンチンに至っては2.3倍にも激増している（FAOSTAT）。

　③外国資本を積極的に導入したこと。通貨切下げで農産物や石油・鉱物資源などの輸出競争力が高まり，国際収支の改善と経済回復によって外国資本の信頼が回復した。外国資本を積極的に導入して鉄道や河川，港湾などの流通インフラを整備し，集荷，輸送，加工等の国際競争力を高めた。

　④政府が品種改良に力を入れたこと。1970年代後半までにブラジル農牧開発研究公社（EMBRAPA）が，セラード地域などに適した大豆品種を開発した。アルゼンチンでは二期作を可能とする生育期間の短い大豆品種が開発された。また，肥料の投入増や遺伝子組み換え品種の導入によって単収が大幅に増えた。FAOSTATによると，1990年代後半においては，アメリカの大豆単収がブラジルやアルゼンチンより10～25％多かった。しかし，2005～07年ではアメリカの1ha当たり2.70tに対しブラジルは2.48tとまだ低いが，アルゼンチンは2.74tと，アメリカを追い抜いている。干ばつ等によって変動はあるが，3か国の大豆単収には今やほとんど差がなくなった。

5. アメリカと南米農業国とのコスト競争

　表4-10は，アメリカ農務省の経済研究所（ERS：Economic Research Service，在ワシントン）が2001年に公表したアメリカ，ブラジル，アルゼンチンの大豆生産費の比較分析の一部である。すでに1998/99年度の時点で，アメリカの生産費（1ブッシェル当たり5.11ドル）はブラジル（3.89ドル），アルゼンチン（3.93ドル）を大きく上回り，国内の輸送・販売経費の優位性で輸出価格の差をようやく縮めている実態が明らかにされた。

　この分析結果によると[20]，アメリカの大豆農家にとって最も大きな負担となっているのは地代である。ブラジルの主要産地であるマットグロッソ州では1エーカー当たりの地代が年間6ドルであるのに対し，アメリカ中西部ではその14倍以上の88ドルである。この差は農地価格の差にほかならない。マットグロッソ州の農地価格は優良農地でも1エーカー当たり200ドル（調査時点に近い為替レート・1ドル130円で1ha当たり約6万4200円）にすぎないが，アメリカ中西部では最低でも10倍の2000ドル（同64万2000円）である。

表4-10　アメリカ，ブラジル，アルゼンチンの大豆生産費の比較（1998/99年度）
（単位：1ブッシェル当たりドル）

費用・価格	アメリカ中西部	ブラジル・マットグロッソ州	アルゼンチン平均
生産費合計	5.11	3.89	3.93
変動費用計	1.71	0.72	1.90
固定費用計	3.40	3.17	2.02
国内輸送・販売経費	0.43	1.34	0.81
輸出価格	5.54	5.23	4.74
ロッテルダム港までの輸送費	0.38	0.57	0.49
ロッテルダム港の引渡し価格	5.92	5.58	5.23

資料：USDA ERS, *Agricultural Outlook*, September, 2001より転載。
注1：アルゼンチンの生産費は北ブエノスアイレス州と南サンタフェ州の平均値。
　2：変動費は種子・肥料・農薬などの生産資材，借入資金金利，雇用労働費など。固定費は農地のリース料などの地代，税・保険料，農機具の減価償却費等。

さらに ERS は，南米大豆農場の規模によるスケールメリットが生産費を大きく引き下げていると分析する。ブラジルのマットグロッソやアルゼンチンでは 1 農場当たり平均 1000 ha を超え，アメリカ中西部の平均的な大豆農場（120～150 ha）の 7～8 倍の規模に及ぶ。こうした経営規模の差が農業機械の減価償却費や施設コストの差をもたらしていると ERS は指摘した。

　このように，ブラジルとアルゼンチンは大豆の国内生産費でアメリカより圧倒的に有利な条件下にあるが，生産費の差が国際市場の競争力には反映されていない。表 4-10 に示されるように，3 か国のオランダ・ロッテルダム港における引渡し価格には決定的な差が出ていない。この最大の要因は，南米農業国における輸送インフラ施設がアメリカに比べて依然劣っているという実態にある。

内陸輸送コストの削減が南米農業国の最大の課題

　"ブラジル・コスト"という言葉がある。これは，日本の 22.5 倍にも及ぶ広大な国土の内陸部で生産された穀物や大豆を 1000～3000 km も離れた輸出港まで未整備の道路やハイウエー，鉄道等を利用して運び，穀物専用船に積み込むまでの莫大な輸送コストを指す言葉である。国土に恵まれた農業国ならではの"悩み"であり，広大な国土が輸出の足かせにもなりかねないのである。

　1980～90 年代に日本の資金協力の下で農地開発が始まったブラジルのセラード地域は，かつては酸性度が強く"不毛の大地"と呼ばれたこともあるが，今やブラジル最大の穀倉地帯に変ぼうした。1973 年の食料危機・アメリカの大豆禁輸を踏まえ，穀物・大豆の新たな供給基地を確保するために，1978 年，国際協力事業団（JICA）と商社・農業団体が 20 億円の資金を拠出して日伯セラード農業開発協力事業を立ち上げた。1980 年にミナス・ジェライス州に第 1 次の入植（26 戸）が開始され，総事業費 680 億円の日伯協力事業は 2001 年 3 月に終了した。これが呼び水となって，1990 年代後半からセラード開発と穀物・大豆の生産拡大が本格的に進められたという歴史的な評価はある。しかし，ブラジル産大豆の対日輸出はその後数十万 t のレベルにとどまっており，セラード産大豆の中国向け輸出が増えるなかで，日本がかつて新たな食料基地を

確保しようとした事業の存在すら今や忘れられている(21)。

　ブラジルの中西部に位置するセラード地域の総面積は1億3600万ha，大豆やトウモロコシ，綿花等の現在の耕作面積は4700万ha，新たな耕作可能面積は9000万haにも及ぶといわれる広大な地域である(22)。しかし，この地域には大規模な河川が少なく，セラード最大の州マットグロッソはブラジル南東部のサントス港から1500km以上も離れている。同州の産地から北上してアマゾン川中流マナウス市の東に位置するイタコアティアラ港までは約2000km，同港から大西洋のアマゾン川口まではさらに1200km以上あるという立地条件である。日本の本州（青森から山口までは約1600km）ほどの距離で東西南北へ広がる産地から大量の穀物と大豆を大西洋までどう運び出すか，必要な内陸輸送のインフラをどう整備するか，これがセラード開発の当初から最大の課題であった。

　内陸輸送には農場からカントリーエレベーター，集荷倉庫から輸送ターミナル（貨物列車の駅や内陸部のリバーターミナルと呼ばれる河川積出港の集荷倉庫等），そしてバージ（平底荷船）あるいはトラック，貨車によって輸送ターミナルから輸出港まで運ぶ費用など，莫大なコストがかかる。また，道路やハイウエー網の整備，鉄道，河川流通ルートとのコネクティング，さらには機関車のスピードなどによっても時間当たりの輸送費に差が出る。ブラジルの輸送費の実態を示した表4-11をみると，鉄道の輸送コストはトラックよりも30～55％安いが，バージによる河川輸送は鉄道よりもさらに20％以上も安く，最も効率的な輸送手段であることがわかる。

　ちなみに，アメリカの全米内陸水路財団（National Waterways Foundation，在バージニア州アーリントン）の情報によれば(23)，穀物を運ぶバージの標準サイズは長さ53～61m，幅8～10.7m，深さは2.7mが基本だが，最近は大型のジャンボバージが増えている。穀物のバージ輸送では，河川の上流から5～6隻のバージ船団がタグボートに押されて出発し，途中の中・下流の集積港で他のバージと連結して15隻が1つの船団として川下へ向かうのが一般的だが，40～50隻の大船団となって輸出港へ下る場合も少なくない。アメリカの

表4-11　トラック，鉄道，バージによる輸送コスト等の比較

	トラック	鉄道（貨車）	バージ
①ブラジル産大豆の国内輸送コスト（2002年1時間1t当たりドル）	○499 km未満ハイウエーの場合＝0.0262ドル ○500〜1,500 kmハイウエーの場合＝0.0203ドル	0.0144ドル	0.0112ドル
②標準輸送量	1台当たり25 t	1車両当たり110 t	1隻当たり1,750 t
③輸送量の標準比較	1,050台	216車両・6機関車	15隻のバージ船団
④ガソリン1ガロンによる1tの輸送距離	250 km	665 km	927 km

資料：表の①はProf. Dr. Jose Vicente Caixeta-Filho, Universidade de Sao Pailo, *Transportation and Logistics in Brazilian Agriculture*, Feb. 20, 2003より，
　　　②から④は*National Waterways Foundation News Release*, July 8, 2008より。
注：③の輸送量の標準比較は，15隻のバージ船団の輸送量に相当するトラック，鉄道の輸送量を比較したものである。

ミシシッピ川の場合は，河口のニューオリンズ（バトンルージュ港）までバージ船団が穀物を運び，いったん大規模なサイロに入れて，そこから穀物専用船（5万〜7万t級のパナマックスと呼ばれるバラ積み船）へ積み込み，日本やヨーロッパ等へ向かう，という流れである。なお，標準的なバージの積載量は1隻当たり1750 t，15隻のバージ船団が輸送する物資の量は，表4-11に示されるように，トラック1050台分，6台の機関車による216台の貨車の積載量に相当する。

表4-12は，アメリカ農務省が大豆輸出価格に占める輸送コスト等（2000年）を比較したものである。ブラジルではトラックや鉄道等による国内の輸送コストがかさみ，アメリカの2〜3倍にも達している。そのため，2000年におけるブラジル産大豆の純収益は，産地から港までの距離で差があるものの，おおむねアメリカの30〜60％の水準にとどまっている。

南米農業国の規制緩和と民営化で事業を拡大した穀物メジャー

ブラジルやアルゼンチンがアメリカに追いつき追い越すためには，国内輸送コストを大幅に減らさなければならない。しかし両国とも，植民地時代からの

表4-12 大豆輸出価格に占める輸送コスト等の比較（2000年）

（単位：1ブッシェル当たりドル，カッコ内は％）

	アルゼンチン	ブラジル		アメリカ
	サンタフェ州	パラナ州	マットグロッソ州	中西部
ロッテルダム港価格	1ブッシェル当たり5.95ドルの場合			
海上輸送費	0.49 (8)	0.57 (10)	0.57 (10)	0.38 (6)
国内輸送費	0.81 (14)	0.85 (14)	1.34 (23)	0.43 (7)
変動生産費	1.90 (32)	2.78 (47)	3.17 (53)	2.15 (36)
純収益	2.75 (46)	1.75 (29)	0.87 (15)	2.99 (50)

資料：USDA, *Argentina & Brazil Sharpen Their Competitive Edge, Agricultural Outlook*, September 2001 より転載。

　鉄道網やトラック輸送の近代化に向けた取組みが本格化したのは1990年代に入ってからであり，農産物の輸送インフラという点では両国とも文字どおり後発の輸出国であった。「両国は1990年代の経済危機で深刻な財政悪化に陥り，農産物の輸出増でドルを稼がねばならなかったが，流通施設の近代化へ資金を回す余裕はなかった。そこで打ち出されたのが外国企業への規制緩和だ。多国籍企業の投資という支援を得て，鉄道やハイウエー，港湾施設などの民営化と河川流通の開発が1990年代中頃から本格的に開始された」[24]のである。

　例えば，穀倉地帯が輸出港まで約400km以内の位置にあるアルゼンチンではトラック輸送が重要な役割を果たしてきたが，1990年以降，同政府はハイウエーの民営化（有料化）を進め，道路網の整備と拡大を民間企業の手に委ねた。一方，大豆輸送の80％がトラックに依存するといわれるほど道路輸送が重要な位置を占めてきたブラジルでも，南東部のサントス港や北部のアマゾン川ルート，北東部のサンフランシスコ川河口の積出港等へつなげるハイウエー網の建設が国際的な資金援助を得て進められた。

　また，鉄道輸送の近代化も両国共通の重要な課題であった。アルゼンチンは1992年から鉄道事業を民営化し，施設の近代化と効率化を6社の企業へ委ねた。一方ブラジルでは，1990年代末からセラードの穀倉地帯と河川や輸出港を結ぶ鉄道網の建設が始まり，施設の近代化とスピードアップ化が進められてきた[25]。

両国は河川流通の拡大に最も力を入れた。

アルゼンチンでは最大のプロジェクトがパラナ・ラプラタ川の河川流通の大改革であった。ラプラタ川河口を北に上ったサンタフェ港とロザリオ港の大規模な浚渫工事を行い，港湾施設を拡充して両港への大型穀物船の入港を可能とする計画が1990年末までに実施され，300〜400 kmも離れた河口のブエノスアイレス港まで穀物を運ぶ必要はなくなった。

ブラジルでは，アマゾン川とそれにつながるマデイラ川や北東部のトカンティンス川などの大河を中心とした「8ルート構想」が1999年以降実施に移され，バージを使った大規模な輸送システムの開発に拍車がかかった。特に注目されたのが，アマゾン川水系の「マデイラ川ルート」であった。中西部のマットグロッソ州で生産される大豆等をポルトベリョ港へ運び，バージに積み込んでマデイラ川を下る。アマゾン川中流に新設されたイタコアティアラ港で穀物専用船に積み込み，アマゾン川を1200 km以上下って大西洋へ出る。全長3000 km以上にも及ぶ河川ルートが確立し，ヨーロッパやアジアへ輸出されるセラード産大豆輸送の大幅な効率化が進められたのである。

こうしたブラジル，アルゼンチンの輸送システムの近代化に重要な役割を果たしたのが，穀物メジャー等の多国籍企業であった。1990年代に入り経済のグローバル化，規制緩和，民営化という流れに乗ったカーギルやブンゲ，ADMなどは，両国の穀物・大豆農家に対する短期資金供与や農畜産物の集荷・加工・輸出，種子や肥料等の生産資材の供給などへ事業範囲を徐々に拡大していった。さらに規制緩和と民営化政策が促進されるなかで，穀物メジャーはカントリーエレベーター等の集荷施設やバージによる河川輸送，港湾施設，大豆の搾油企業等へ投資し，川上から川下までの事業統合を進めたのである。特にバージ輸送の分野に，穀物メジャーはアメリカのバージ会社と連携して積極的に進出した。1990年代の後半にアメリカで生産されたバージのほとんどがブラジルなどの南米諸国へ輸出されたとまでいわれる[26]。アメリカ国内でミシシッピ川を中心に穀物メジャーが構築した河川流通のビジネスモデルが，そのままブラジルやアルゼンチンへ持ち込まれたのである。

6. アメリカ農業の課題と強み

　穀物メジャーによる南米農業国への事業進出は，2000年代に入りいっそう拡大した。アメリカを本拠地とするカーギル，ADM，ドレフェスの3社がブラジル国内で生産される大豆の60％以上の流通をすでに支配しているといわれるほどである[27]。メジャーの事業拡大は集荷，流通，貿易に限らず，近年は特に大豆の搾油事業など加工部門への進出が著しい。2003年，ブラジル国内の搾油能力の44％をブンゲ，カーギル，ADM，コンインブラ（Coinbra，ドレフェス系）の4社が握り，そのうちブンゲは20％以上のシェアを有している[28]。世界最大の大豆搾油国であるアルゼンチンでは，2006年，6大企業が国内搾油能力の83％を支配し，ブンゲ，カーギル，ドレフェスがパラナ川沿いの近代的な搾油工場のほとんどを所有しているといわれる[29]。

　ブラジルやアルゼンチンなどの南米農業国は，穀物メジャーの資本とビジネスモデル，国際的なネットワークの力を借りて河川流通システム等の近代化を図り，国際競争力を強めてきた。しかし，輸送インフラの近代化がすべて達成されたわけではない。ブラジルでも穀物・大豆輸送の80％近くが依然としてトラック輸送に依存しており，アメリカの輸送システムの水準にはまだまだ及ばないのが実態である。

　表4-13は，EUとメルコスール（南米共同市場）との自由貿易協定の研究プロジェクト（EUROMERCOPOL）が南米諸国における大豆産業の競争力を調査し，そのなかで整理した「スワット分析」を示している。2008年4月に公表されたこの調査結果によると，ブラジルの道路，ハイウエー，鉄道，河川の輸送インフラ施設は依然として「非常に悪い」状態にあると分析され，アルゼンチンについても「悪い」実態にある。なお，この調査結果では，両国の大豆生産が急拡大してきたにもかかわらず，保管施設の不足問題が指摘されている。

　2005年7月現在，ブラジルの大豆保管能力は1億300万tに達し，1億5500

表4-13 南米農業国の大豆輸出競争力に関するスワット分析

項　目	ブラジル	アルゼンチン	ウルグアイ	パラグアイ	ボリビア
生産技術・普及	＋＋	＋＋	－	－	－
インフラ整備	－－	－	＋＋	－	－－
食の安全性	＋	0	0	0	0
市場構造	－	－	＋	＋	＋
特別計画	＋	＋	0	0	0
企業経営	－	＋	＋	－	＋
課税制度	－－	－－	＋	＋＋	－

資料：EC Project EUROMERCOPOL, *Competitiveness of Soybean Agri-Systems, Argentina, Bolivia, Brazil, Paraguay and Uruguay*, April 2008, p.30 より転載。
注1：「＋＋　非常に良い」「＋　良い」「0　中間」「－　悪い」「－－　非常に悪い」を意味する。
　2：スワット分析の評価ポイントは,「生産技術・普及」では大豆の生産技術研究,単収,遺伝子組み換え種子の普及等,「インフラ整備」ではハイウエー,鉄道,河川等のインフラストラクチャー（社会資本）の整備状況,「食の安全性」では非遺伝子組み換え大豆の生産状況,遺伝子組み換え種子の法制度の整備状況,「市場構造」では貿易会社・加工企業の市場シェア,生産農家との関係,市場競争の効率性,「特別計画」では生産農家に対する融資などの政府の特別な支援策の有無,「企業経営」では貿易企業・加工企業の経営状況,「課税制度」では関係企業に対する課税制度,関税,輸出税などの実態,が中心となった（資料 pp.30-31 の解説を筆者が要約）。

万tの収穫量に対応できるとされているが(2005/06年度の生産量は5700万t),セラード地域など中西部の新たな生産地区では保管施設が大幅に不足しており(30),アルゼンチンも同様の課題に直面している。また,米州開発銀行（IDB: Inter-American Development Bank,在ワシントン）の研究は,「アメリカが輸入関税を10％削減しても,ブラジル,アルゼンチンなど南米6か国からのアメリカへの輸出は2％も増えない。しかし,6か国の国内輸送コストを10％削減できれば,アメリカへの輸出を平均で39％増やすことができる」(31)と分析している。バージの輸送距離がブラジルよりも2倍以上も長いアメリカのほうが半分近いコストで輸出港へ大豆を運ぶことができるとの調査結果も出ている(32)。

老朽化と拡張の問題に直面するアメリカの河川流通インフラ

しかし,アメリカの農業団体は南米農業国が輸出競争力を伸ばしてきた実態に,早くから警戒心を強めていた。1999年2月,ワシントンでアメリカ農務

省が開催した農業アウトルック・フォーラムにおいて，全米トウモロコシ生産者協会のグエンザー専務は次のように述べ，危機感をあらわにした。

「アメリカの農業はいま重大な岐路に立たされている。長年にわたりわれわれは輸出競争国に対して著しい優位性を誇ってきた。輸送インフラこそが，われわれの優位性にほかならない。しかし，鉄道とバージではどちらが有利だとか，環境コストに比べて輸送インフラの潜在的な利益がどれほどあるのかとか，われわれが国内であれこれと論争している間に，南米諸国の政府はわれわれの優位性をどんどん侵食してきた。しかもその対応が早いのだ。ひるがえってアメリカの実態をみてみよう。ミシシッピ川やイリノイ川のロック・アンド・ダムのほとんどが20年も前に耐用年数を過ぎてしまった」[33]。

グエンザー専務が老朽化を問題にした「ロック・アンド・ダム」とは，浅瀬や急流の水域におけるバージ船団などの安全航行を可能とする施設である。1930年代の世界恐慌の時代に，ルーズベルト大統領のニューディール政策の一環としてミシシッピ川などの上流に建設された。ロック・アンド・ダムは河川をせき止めて一定の水深を確保し，バージの船団等を河岸に建設された閘門（こうもん）の中に引き入れ，水位を上下に変化させて下流あるいは上流へ船舶を安全に移動させる仕組みである。

ミシシッピ川上流と支流のイリノイ川にそれぞれ設置されている29か所と8か所のロック・アンド・ダムが抱える問題は，施設の老朽化だけではない。「現在のロック・アンド・ダムは（閘門の）長さが短すぎる。船舶の通過時間がかかりすぎる。何よりも使う船が多すぎて穀物輸送コストは年間2000万ドルも余計にかかる」[34]と，グエンザー専務が指摘するように，現在の施設では増大する物流に対応しきれなくなってきたのである。

穀物，肥料，農薬，石炭，石油，鉄鋼，建設資材など，年間6億tもの物資がミシシッピ川を通じて輸送される。このうち最大の流通物資は火力発電等に使われる石炭だが（2006年1億8200万t），穀物輸送は1970年の約2000万tから近年の7000万t水準へ3倍以上に膨れ上がった。全長約180mの閘門を2倍の360mへ拡張し，1か所2〜3時間もかかる現在の通過時間を30分へ

短縮する。まさにロック・アンド・ダムの全面的な改修と拡張がアメリカ経済，特に中西部からの穀物・大豆輸出にとって喫緊の課題となってきたのである[35]。

しかも，ロック・アンド・ダムの改修には長期間の工事と莫大な費用が必要となる。アメリカの内陸水路協議会（Waterways Council, Inc, 在バージニア州アーリントン）の情報によると[36]，全米で240か所も数えるロック・アンド・ダムのうち，117か所が約80年前に建設されたもので，これらすべてを改修・拡張するには2050年までかかるといわれる。アメリカ経済の発展を支えてきた世界最大の物流の大動脈であるミシシッピ川水系は全長9600kmにも及ぶ。この物流を可能としているロック・アンド・ダムの改修目的で，船舶運航を全面的に止めるわけにはいかない。

2000年代に入り改修工事が本格的に開始されると，工事は予想以上に難航して1か所の工事期間は5～7年，工事費は1億～3億ドルもかかることが明らかになってきた。ロック・アンド・ダムの使用は無料とされているが，バージや船舶の企業が運航燃料1ガロン当たり0.2ドルの利用税（年間約1億ドル）を政府へ支払っている。これに政府が同額を拠出して内陸水路基金をつくり，施設の改修に使われてきた。しかし，施設の老朽化が進むにつれて改修工事費は増えてきた。2006年には基金残高が2億5000万ドルに減り，5年後には枯渇するとの予測が出るなど，状況は急速に悪化した。

このため，政府は新たな利用税の導入など利用者側の大幅な負担増を検討し始めたが，農業，鉄鋼，電力，輸送などの基幹産業はこれに強く反発した。関係業界あげての強力な議会工作が展開され，政府予算による中・長期的な改修・拡張工事計画の実施を定めた「2007年水資源開発法」が制定された。しかし，230億ドルを超える予算措置については，最終的な支出が380億ドルに膨らむ可能性があることを理由に，ブッシュ前大統領は予算措置の法制定を先送りにした。

アメリカでは食料やエネルギー物資の安全輸送を守ることは国の安全保障の基本だとして，陸軍工兵司令部がロック・アンド・ダムの維持管理を担ってき

た。また，河口近くのバトンルージュ港の浚渫工事等を行う沿岸警備隊に加え，海事局，運輸省，国家安全保障省もかかわる。アメリカという国家が総がかりで物流の大動脈を守ってきたといっても過言ではない。しかし，陸軍工兵司令部が全米の改修・拡張に要する費用は580億ドルを超えると推計されているにもかかわらず，同司令部の年間改修予算は20億ドルの水準である。耐用年数を大幅に過ぎた施設が増え，従来のような枠組みによってロック・アンド・ダムの維持管理を行うことがもはや不可能になってきたのである。

　こうしたなかで，ロック・アンド・ダムの改修問題は，2008年のアメリカ大統領選挙の1つの争点となった。トウモロコシや大豆などの農業団体と穀物メジャー，バージの運航企業，鉄鋼，火力発電など，ミシシッピ川の河川輸送にかかわる企業が大同団結し，2007年水資源開発法の予算措置を求めて民主党オバマ大統領候補の支持に回った。河川流通システムの近代化をはじめ航空施設の改善，高速鉄道の新設など，輸送インフラ全体の強化策をオバマ大統領候補が訴えたからである。オバマ大統領候補は全米インフラ再投資銀行を創設し，10年間で600億ドルを輸送インフラの整備・新設へ投資して100万人の雇用機会を創出するとアピールした。大統領選挙戦と並行して，「内陸水路協議会」や「アメリカ内陸水路経営者協会」などのロビー組織は，「河川流通こそ最も環境に優しい輸送手段だ」との広報活動を強めた。1 tの物資を1ガロンの燃料で運べる距離はトラックで250 km，貨車で665 kmに対し，バージは927 kmと最も燃料を節約できるという，環境保護のメッセージを前面に出してオバマ候補の選挙戦を間接的に支援しようとしたのである[37]。

　2009年1月に誕生したオバマ政権は，8000億ドルを超える大型の景気刺激策を打ち出し，空港やハイウエーなどのインフラ施設の近代化事業のなかでロック・アンド・ダムの改修・拡張計画に着手する方針を明らかにした。第32代のルーズベルト大統領のニューディール政策の下で建設されたロック・アンド・ダムの河川流通施設の改修・拡張工事が，第44代のオバマ大統領の「グリーン・ニューディール政策」の下で本格的に開始されることになったのである。2008年の金融危機が起こらなければ，この大事業を開始する決断は大幅

に遅れていたかもしれない。

アメリカ最大の内陸河川港といわれるペンシルバニア州ピッツバーグの周辺では，アルゲニー川にある一部の施設が激しい劣化で崩壊の危機に瀕していると，2008年秋には伝えられた。2007年7月中西部のミネアポリスで高速道路の老朽化した橋が突然崩落したが，このような事故をロック・アンド・ダムで発生させない対策が打たれようとしている。

ロック・アンド・ダムの改修と拡張が今後順調に進むことになれば，アメリカは急追するブラジル，アルゼンチンとの差を再び広げることになるかもしれない。輸出競争力の差は国力の差の裏返しともいえる。

為替変動も競争力の重要な要素に

ブラジルやアルゼンチンにとっては，河川流通の近代化など国内の輸送コスト削減が引き続き大きな課題になっていくと予想されるが，為替の変動も南米農業国にとっては，アメリカとの競争上，大きな問題の1つである。

表4-14は，1999/00～2008/09年度におけるアメリカ，ブラジル，アルゼ

表4-14 アメリカ，ブラジル，アルゼンチンの大豆輸出価格の推移

(単位：1t当たりドル)

販売年度(10～9月)	アメリカ	ブラジル	アルゼンチン
1999/00	184	183	180
2000/01	193	180	175
2001/02	181	183	179
2002/03	201	217	221
2003/04	246	277	285
2004/05	292	232	228
2005/06	241	228	227
2006/07	281	279	279
2007/08	495	472	469
2008/09	396	403	392

資料：アメリカの価格は USDA, *Agricultural Outlook Statistical Indicators* より，ブラジルとアルゼンチンは USDA, *Oilseeds: World Markets and Trade*, October 9, 2009より。2008/09年度は暫定値。
注1：年度は大豆の販売年度（10月から翌年の9月）。
　2：輸出価格―アメリカはガルフFOB価格，ブラジルはリオグランデFOB価格，アルゼンチンはブエノスアイレスFOB価格。

ンチンの大豆輸出価格を示している。輸出価格は基本的に需要と供給で決められるため，同表の年間平均価格の高低だけで3か国の競争力を単純に比較することはできないが，一定の傾向をみることはできる。表4-14をみると，2004/05年度以降，アメリカの輸出価格が他の2か国に比べ割高で，アルゼンチンの輸出価格が最も安い水準を維持してきたことがわかる。一方，ブラジルの輸出価格は2006/07年度から大幅に上がり，2008/09年度はアメリカの価格水準を追い越した。これにはブラジル，アルゼンチンの通貨変動が影響している。

　ブラジルの通貨レアルは，2005年を境にドルに対して急速に値上がりした。2000年の1ドル＝1.81レアルのレートは2005年にレアル安（年平均1ドル＝2.44レアル）へ転じたが，2006年以降は2008年夏の1.50〜1.60レアルに向けてレアル高が続き，大豆の輸出価格を押し上げた。この背景には，ブラジルの農産物・石油・地下資源の輸出増，対外債務の減少，インフレ抑制による国内経済の急回復があった。2005/06年度にはレアル安も働いてアメリカを抜きブラジルは世界第1位の大豆輸出国に躍り出たが，その後のレアル高によって2006/07年度には10％近く輸出が減少し，再び2位へ転落した。2008/09年度に至っても第1位の座を奪回できず，2009/10年度はアメリカとの差が少し広がると予測されている（p.111図4-1参照）。ブラジルにとっては，外国資本の投資を引きつけるために高金利・高成長を維持する必要がある。今後もレアル高の基調が続くのであれば，大豆輸出の大幅な増大は，当面，難しくなるものと予想される。

　一方，多額の対外債務を抱えるアルゼンチンの政府はインフレ抑制と輸出の増大を最優先し，為替市場への介入とドル交換規制によって通貨の安定を図ってきた。そのため，ブラジルのレアルとは対照的にアルゼンチンの通貨ペソは2002年に変動相場制へ移行した後，1ドル＝3ペソ前後のペソ安水準が2008年夏まで続き，金融危機の深刻な影響によって2009年10月末には3.8ペソの水準にまで下落した。2004/05年度にはアルゼンチンの大豆輸出価格がペソ安によって大きく下落し（表4-14参照），輸出量は前年度の680万tから1070

万tに増えた。その後もペソ安基調が続き，2007/08年度には1380万tに達した。しかし，2008/09年度には干ばつの影響によって輸出が590万tに激減している。

このように為替レートの変動は，場合によっては河川流通などの国内輸送コストの差よりも，農畜産物の輸出価格に大きな影響を与える。ただし，輸出価格に影響を与える要素はこのほかにも少なくない。農業の国際競争力にとって，農業政策と輸出政策も重要な要素であり，世界貿易機関（WTO）農業交渉やFTA（自由貿易協定），二国間交渉を通じた国際通商交渉の多面的な戦略と交渉力も競争力の重要な一部となる。

ブラジル政府は農家への農業融資と価格支持制度を軸に農業振興と農家経済の保護政策を展開していた時期もあるが，1990年代の金融危機でその余裕はなくなった。現在では，規制緩和と民営化を進め，外国企業からの投資という支援を受けながら「世界で最も小さな保護政策」[38]のもとで輸出振興へ取り組んでいる。2000億ドルもの対外債務を抱えるブラジルの政府は，生産農家へ直接融資する余裕がない。民間銀行に一定の農業融資枠を措置することを義務づけて低利の短期融資（2008年の年利は6.75％）に委ねるという，いわば"農業融資の民営化"を図ってきた。しかし，こうした低利融資は農業資金需要の30％ほどしか満たしていない。しかも，この融資には中小農家への優先的な貸付けと地域限定の条件があり，多くの大規模農場は穀物メジャーとの取引契約を通じて高利の短期融資を受けざるを得ない実態にある。

一方，670億ドルの対外債務を抱えるアルゼンチンには農業融資制度もない。自国通貨ペソ安の誘導を基本とする為替政策によって輸出振興を図ろうとしてきた。また，アルゼンチンは農畜産物の輸出企業に対して輸出税をかけ，この税収を対外債務の返済財源へ投入せざるを得ない状況にある。ブラジルとアルゼンチンがWTO農業交渉において先進国の農業保護の撤廃または大幅な削減を強硬に求めている背景には，農業保護を引き下げてきた，あるいは実施しようにも財源がないという両国の厳しい現実がある。

アメリカの強みは財政力と情報力

21世紀に入り，ブラジルやアルゼンチンの農畜産物の輸出は劇的に増えて

きた。ブラジルには 9000 万 ha を超える未開拓地が残っており，今後の開発投資次第では大豆などの輸出でアメリカを追い抜く可能性は否定できない。しかし現時点では，その可能性は小さいと思われる。アメリカが有する底力は，他の国にとって容易に到達できるものではない。底力の中心は，ブラジルなどとは比べものにならないほど分厚い農業保護の財政力である。11 万人の職員と 1162 億ドル（2009 年度，約 11 兆円）の年間予算を擁するアメリカ農務省の最も重要な政策は，価格支持と融資制度による最低価格保証と不足払いを中心にした直接所得支払いである。ただし，このほかにも輸出補助制度や環境・土壌保全，作物保険，農業収入保険（民間保険への掛け金に対する実質的な補助），それに，世界各国で開催されるアメリカン・フードショー等への半額補助，アメリカ産牛肉等を提供する海外レストラン関係者の研修招待補助，州立大学や企業と連携した技術開発など，その農業政策は極めて多方面にわたっている。

アメリカ農務省の情報収集・分析力も，他国の追随を許していない。1000 名以上のスタッフを擁する海外農業局だけでも，年間 100 品目以上の需給予測など数百冊のレポートをまとめる。これらの情報の重要な基礎となるのが，120 か国以上のアメリカ大使館に農務省が直接配置する農務官と現地スタッフから送られる現地報告である。また，1977 年に農務省と商務省海洋大気庁が開設した共同農業気象研究所は，世界中の 8000 以上の気象観測所から毎日送られてくる気象データや，人工衛星等から送られる輸出競争国や大輸入国における農作物の作柄等に関する情報を収集・分析している。

このような情報活動では，国連機関も到底追いつくことができない。これらのデータや分析資料は，アメリカの輸出戦略と市場開放圧力のための重要な基礎情報となる。また，国内の農家や輸出業者，農業関連企業に対し，過剰生産の回避や輸出増，市場開拓，事業の効率化等のために有益な情報を提供してきた。それに，他の輸出競合国の農家や企業もアメリカ農務省が公表する膨大な量の情報を活用しており，それに依存せざるを得ないのが実態だといって過言ではないだろう。

一方，農務省にとって国産の農畜産物消費拡大が輸出補助よりも実は重要

な業務となっている。毎年2600万人以上（人口の約8％）の低所得者層に支給するフードスタンプ（食料支援・栄養計画）の費用を農務省が支出してきた。フードスタンプの制度は，支給対象者[39]の登録カードへフードスタンプ用の電子マネーが定期的に振り込まれ，全米のスーパー，ファーマーズマーケット等でこれを使うことができるという仕組みである。フードスタンプなどの低所得家族に対する各種の食料費補助計画や学校給食補助など農務省の食料支援・栄養計画全体の支出額（管理費含む）は，2009年度に790億ドルにも及ぶ。1162億ドルの農務省総予算の実に68％を超す。なお，2009年度におけるフードスタンプの受給者の総数は，金融危機の影響で前年度より18.7％増の3372万人（1523万世帯）に達し，その支給総額は504億ドル（1世帯平均月額275.53ドル）へ45.5％も増大した[40]。

　アメリカの農政は全米の福祉政策を包含し，フードスタンプの受給者を選挙基盤とする数多くの都市部議員の支持も得ながら運営・維持されてきたのである。つまり，農家に対する補助金を維持するために，都市部の低所得層への食料援助の予算増が，都市部議員と農業関係議員との間で取引材料となってきたのである。こうした農務省予算の実態にこそ，アメリカ農業の最大の強みが隠されていると筆者は考えている。実際，農務省の食料支援・栄養計画の総支出額は，2001年の330億ドルから前述の790億ドル（2009年度）へ2倍以上に増えているのである。

南北アメリカの両大陸で利益調整と相互ヘッジをかける穀物メジャー

　アメリカと南米農業国との激しい輸出競争は，今後も続いていく。ただし，南北アメリカの両大陸へ広範囲に事業を拡大してきた穀物メジャーは，一方が勝ち，他方が負けるような競争の結果を期待していない。世界最強の盤石なアメリカ農業を本拠地とし，南半球へそのビジネスウイングを拡大する。北半球とは穀物の収穫時期がほぼ半年ずれるという南半球の地理的条件を最大限に活用しながら，穀物メジャーは北半球での取引と南半球での取引とを，ある時は調整し，ある場合には相互にヘッジをかけて利益の最大化を図ろうとする。こうしたグローバル戦略を基本に，穀物メジャーは南北アメリカの両大陸を基地

にしてアジアやヨーロッパへのさらなる輸出増大を追求しているのである。そして各国の小さな政府，規制緩和の流れと，世界貿易機関（WTO）の農業貿易ルールが，穀物メジャーのグローバル戦略の推進に対し，より大きなフリーハンドを与える結果となっている。

注と引用・参考文献

(1) 石川博友『穀物メジャー』岩波新書，1981年，p.34
(2) 同上（1）の p.40
(3) Dan Morgan, *Merchants of Grain*, Penguin Books, 1984
(4) 前掲（1）の p.117
(5) 前掲（3）の p.62
(6) 前掲（1）の p.96
(7) 前掲（3）の p.134
(8) 同上（3）の p.71
(9) ブルースター・ニーン，中野一新監訳『カーギル―アグリビジネスの世界戦略』大月書店，1997年
(10) 同上（9）の p.182
(11) 前掲（1）の p.70
(12) U.S. Department of Commerce, *Historical Statistics of the United States Part 1*, September 1975, p.510
(13) 同上（12）の p.484
(14) 大内力編集代表『経済摩擦下の日本農業』御茶の水書房，1986年，p.180
(15) 柳京熙・姜暻求『韓国園芸産業の発展過程』筑波書房，2009年，p.116
(16) 前掲（3）の p.148
(17) 同上（3）の p.149
(18) 同上（3）の p.137
(19) USDA, *Agriculture in Brazil and Argentina: Developments and Prospects for Major Field Crops*, December, 2001, EU Commission *Monitoring Agri-trade Policy Brazil's Agriculture: a Survey* などを参考とした。
(20) USDA, *Soybean Production Costs and Export Competitiveness in the United States, Brazil, and Argentina*, Oil Crops Situation and Outlook, October, 2001
(21) 青木公『ブラジル大豆攻防史』国際協力出版会，2002年などを参考とした。

(22) USDA, *Brazil: Future Agricultural Expansion Potential Underrated*, January 2003, USDA, *Argentina & Brazil Sharpen Their Competitive Edge*, Agricultural Outlook September 2001 を参考とした。

(23) National Waterways Foundation Press Release, *New National Study Compares Freight Transportation by Barge, Truck and Train*, July 8, 2008 などの情報を参考とした。(http://www.waterwaysfoundation.org/)

(24) 薄井寛「農産物輸出『米国 VS 南米』」『週刊エコノミスト』2009 年 2 月 24 日号, p.88

(25) The Iowa State University, *Brazilian Soybeans: Transportation problems* AgDM Newsletter, November, 2000, pp.2-3 を参考とした。

(26) Gregory Guenther, Director, National Corn Growers Association, *South American Infrastructure Improvements*, USDA Agricultural Outlook Forum 1999, February 23, 1999

(27) Natalie Ickes, *The Soybean Boom: Doom for Brazil's forest and savannahs*, Covalence Analyst Papers, Covalence SA, Geneva, October 20, 2006, p.2

(28) EC Project EUMERCOPOL, *Competitiveness of Soybean Agri-Systems, Argentina, Bolivia, Brazil, Paraguay and Uruguay*, April 2008, p.17

(29) 同上 (28) の p.22

(30) 同上 (28) の pp.22-23

(31) Inter-American Development Bank, Features and Web Stories, *Latin American Exports to Soar With Lower Transportation Costs*, Sep 22, 2008 (http://www.iadb.org/news/detail.cfm?language=English&id=4759)

(32) 前掲 (25) の p.3

(33) 前掲 (26) の p.1

(34) 同上 (26) の p.3

(35) Waterways Council, Inc, American Waterways Operators, National Corn Grower's Association, *BARACKOBAMA* のホームページ等の情報を参考とした。

(36) Waterways Council, Inc, *Waterways: Working for America*, December 2007, および Texas Transportation Institute, *A Modal Comparison of Domestic Freight Transportation Effects on the General Public*, December 2007 を参考とした。

(37) Waterways Council, Inc, *Waterways: Working for America*, December 2007 を参考とした。

(38) Brazilian Ministry of Agriculture, Livestock and Food Supply, *Brazil Agricultural Policies*, 2008 を参考とした。

(39) 2010 年度(2009 年 10 月～ 2010 年 9 月)のフードスタンプ支給対象者の主な条件は、

1世帯当たりの所得総額が月額2389ドル以下で，銀行預金等の資産が2000ドルを超えないなどと設定されている。
(http://www.fns.usda.gov/snap/faqs.htm#7)
(40) USDA, *Supplemental Nutrition Assistance Program Data*, December 3, 2009より。
(http://www.fns.usda.gov/pd/34SNAPmonthly.htm)

▶▶ 第5章

2つの「油」と作物連鎖

1. 高付加価値産品が主役となった農産物貿易
——変化の全体像

穀物を大きく追い抜いた食肉の貿易額

第4章では，穀物メジャーの南米農業国への進出という視点からアメリカとブラジル，アルゼンチン等との輸出競争の実態と課題を考えた。本章では，バイオ燃料の「油」と大豆「油」という2つの「油」を切り口にして，世界の農業と農産物貿易の新たな展開についてみていくが，その前に，農産物貿易の変化の全体像を俯瞰しておくこととする。国際貿易の具体的な課題等をみていく上で，その大きな構図を改めて確認しておくことが必要だと考えるからである。

全体像の特徴や変化を浮き彫りにするために，農産物の輸出額で上位10位までの品目（表5-1）と，貿易額で上位15位までの輸出国と輸入国（表5-2），そして主要品目の5大輸出入国の変化（図5-1～5）をみることとした（輸出額等の変化の分析手法については，表5-1の注2を参照）。

1995～97年の年平均と2005～07年の年平均を比較して，この10年間の貿易動向を示した7点の表と図から，主として次のような4つの大きな変化を読みとることができる。

第1は主役の変化，交替である。すなわち，10年間に農産物貿易の主役がかつての穀物から食肉などの高付加価値産品へ大きくシフトしたということである。この間に農畜産物全体の輸出額は4555億ドルから7509億ドルへ64.9％増大したが，豚肉の輸出額は71.5％増，チーズ・チーズ原料は74.9％

表 5-1 世界の主な農産物輸出品目（輸出額上位 10）の変化
（単位：百万ドル，カッコ内は 1995〜97 年平均に比した各品目の輸出総額の伸び率％）

上位 10 の輸出品目	輸出総額 1995〜97 年平均	上位 10 の輸出品目	輸出総額 2005〜07 年平均
①小麦・小麦粉	20,995	①豚肉	27,267（ 71.5）
②豚肉	15,896	②小麦・小麦粉	26,436（ 25.9）
③牛肉	15,596	③牛肉	26,141（ 67.6）
④砂糖（粗糖換算）	12,827	④チーズ・チーズ原料	19,140（ 74.9）
⑤トウモロコシ	11,272	⑤大豆	18,281（ 91.2）
⑥チーズ・チーズ原料	10,945	⑥鶏肉	18,232（ 81.7）
⑦鶏肉	10,033	⑦砂糖（粗糖換算）	17,916（ 39.7）
⑧大豆	9,562	⑧トウモロコシ	15,092（ 33.9）
⑨米	7,643	⑨パーム油	14,094（126.4）
⑩大豆粕	7,564	⑩大豆粕	12,838（ 69.7）
その他	354,166	その他	555,508（ 56.4）
世界計	455,504	世界計	750,945（ 64.9）

資料：国連食糧農業機関（FAO）のデータベース（FAOSTAT）より作成。年度は暦年。
注 1：輸出額の上位 10 位以内に入るワイン，タバコ，コーヒー，綿花は嗜好品ないし非食料品であることに鑑み除いた。
　 2：農産物貿易の長期的な動向をみる場合，作物の豊凶によって年ごとの貿易額が大きく変動する可能性があるため，2 つの期間（3〜5 年）の平均値を比較することが必要となる。本表では，1995〜97 年の年平均と 2005〜07 年の年平均を試算し，これを比較して 10 年間の変化をみることとした。表 5-2，図 5-1〜5 においても基本的に同様の手法により分析した。
　 3：パーム油の 1995〜97 年の年平均輸出総額は 6,225 百万ドル。19 種類の植物油（パーム油，大豆油を含む）の輸出総額は，1995〜97 年の平均が 20,370 百万ドル，2005〜07 年の平均が 38,945 百万ドル（91.2％増）である。

増，鶏肉は 81.7％増を記録し，パーム油と大豆油の輸出額はそれぞれ 2.3 倍増，85.3％増となった。パーム油と大豆油に菜種油等を加えた 19 種の植物油全体の輸出額は 90％以上増えて，農産物の品目別輸出額で世界第 1 位の豚肉（273 億ドル）を大きく上回る 389 億ドルの規模に達したのである（FAOSTAT）。

　一方，小麦（小麦粉含む），トウモロコシ，米の 3 大穀物の輸出額の伸び率は 32.1％にとどまり，2005〜07 年における 3 大穀物の年間平均輸出額（約 527 億ドル）は牛肉，豚肉，鶏肉の 716 億ドルの 4 分の 3 にも及ばなかった（表 5-1 参照）。農産物貿易全体のなかで穀物の重要性が相対的に低下してきたのである。

表 5-2 世界の主な農産物輸出入国（貿易額上位 15）**の変化**
（単位：百万ドル，カッコ内は 1995～97 年平均に比した各国の貿易総額の伸び率％）

上位 15 の輸出国	輸出総額 1995～97 年平均	上位 15 の輸出国	輸出総額 2005～07 年平均
①アメリカ	63,686	①アメリカ	76,469（ 20.1）
②フランス	39,875	②オランダ	57,860（ 63.4）
③オランダ	35,404	③フランス	52,126（ 30.7）
④ドイツ	25,241	④ドイツ	49,112（ 94.6）
⑤イギリス	15,804	⑤ブラジル	36,100（148.0）
⑥イタリア	15,737	⑥イタリア	28,244（ 79.5）
⑦オーストラリア	15,262	⑦スペイン	27,628（ 91.5）
⑧ブラジル	14,554	⑧カナダ	25,358（ 78.3）
⑨スペイン	14,430	⑨中国	23,571（ 67.7）
⑩カナダ	14,222	⑩オーストラリア	21,820（ 43.0）
⑪中国	14,052	⑪イギリス	21,346（ 35.1）
⑫デンマーク	10,201	⑫タイ	15,084（ 66.2）
⑬タイ	9,077	⑬デンマーク	15,066（ 47.7）
⑭マレーシア	7,801	⑭インドネシア	14,296（145.2）
⑮メキシコ	5,878	⑮マレーシア	13,773（ 76.6）
世界計	455,504	世界計	750,945（ 64.9）
上位 15 の輸入国	輸入総額 1995～97 年平均	上位 15 の輸入国	輸入総額 2005～07 年平均
①ドイツ	42,965	①アメリカ	67,628（ 79.9）
②日本	40,392	②ドイツ	60,186（ 40.1）
③アメリカ	37,599	③イギリス	47,439（ 82.2）
④フランス	27,437	④日本	43,641（ 8.0）
⑤イギリス	26,040	⑤中国	39,759（128.9）
⑥イタリア	24,432	⑥フランス	39,050（ 42.3）
⑦オランダ	20,165	⑦イタリア	35,636（ 45.9）
⑧中国	17,370	⑧オランダ	33,766（ 67.4）
⑨スペイン	12,845	⑨スペイン	23,251（ 81.0）
⑩ロシア	12,072	⑩ロシア	19,767（ 63.7）
⑪香港	10,837	⑪カナダ	19,545（101.3）
⑫韓国	10,040	⑫メキシコ	16,382（138.0）
⑬カナダ	9,707	⑬韓国	12,808（ 27.6）
⑭メキシコ	6,882	⑭サウジアラビア	9,856（108.9）
⑮サウジアラビア	4,717	⑮香港	9,381（-13.4）
世界計	469,952	世界計	774,581（ 64.8）

資料：FAOSTAT より作成。年度は暦年。
注 1：EU 加盟国の貿易額には EU 域内貿易を含む。農産物にはチーズ，ワイン，菓子類などの加工農畜産物・飲料・加工食品が含まれる。
　2：インドネシアの 1995～97 年の年間平均輸出総額は 5,830 百万ドル。
　3：FAOSTAT によると，2007 年の中国による農産物全体の輸入額は 479 億ドルに達し，日本の 460 億ドルを初めて上回った。

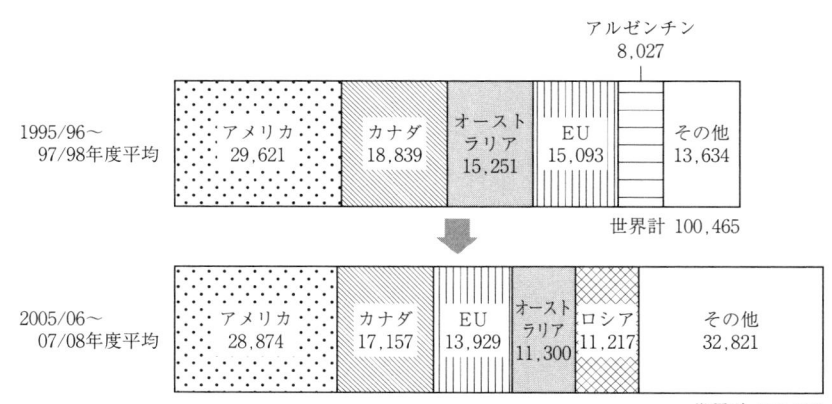

<小麦の5大輸出国>

期間	アメリカ	カナダ	オーストラリア	EU	アルゼンチン	その他	世界計
1995/96～97/98年度平均	29,621	18,839	15,251	15,093	8,027	13,634	100,465

期間	アメリカ	カナダ	EU	オーストラリア	ロシア	その他	世界計
2005/06～07/08年度平均	28,874	17,157	13,929	11,300	11,217	32,821	115,298

<小麦の5大輸入国>

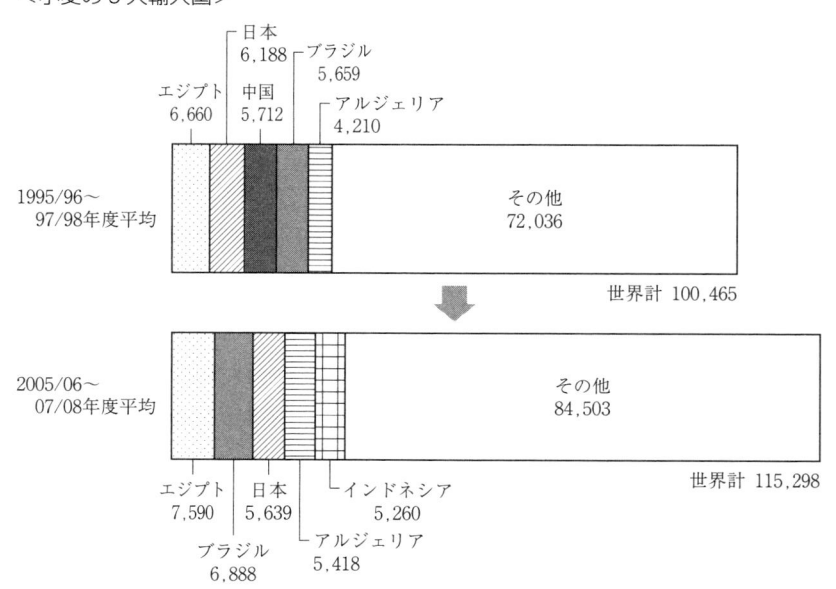

期間	エジプト	中国	日本	ブラジル	アルジェリア	その他	世界計
1995/96～97/98年度平均	6,660	5,712	6,188	5,659	4,210	72,036	100,465

期間	エジプト	ブラジル	日本	アルジェリア	インドネシア	その他	世界計
2005/06～07/08年度平均	7,590	6,888	5,639	5,418	5,260	84,503	115,298

図5-1 小麦の5大輸出国・輸入国の変化（1995/96～97/98年度平均と2005/06～07/08年度平均との比較）　　　　　　　　　　　（単位：千t）
資料：USDA, *Grains: World Markets and Trade*, December 1997, 1998, 2008, 2009 より作成。

＜トウモロコシの5大輸出国＞

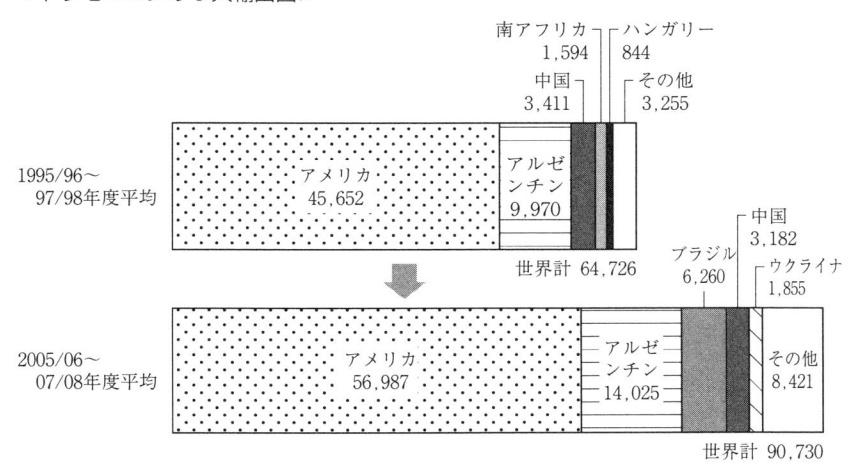

1995/96～97/98年度平均
- アメリカ 45,652
- アルゼンチン 9,970
- 中国 3,411
- 南アフリカ 1,594
- ハンガリー 844
- その他 3,255
- 世界計 64,726

2005/06～07/08年度平均
- アメリカ 56,987
- アルゼンチン 14,025
- ブラジル 6,260
- 中国 3,182
- ウクライナ 1,855
- その他 8,421
- 世界計 90,730

＜トウモロコシの5大輸入国＞

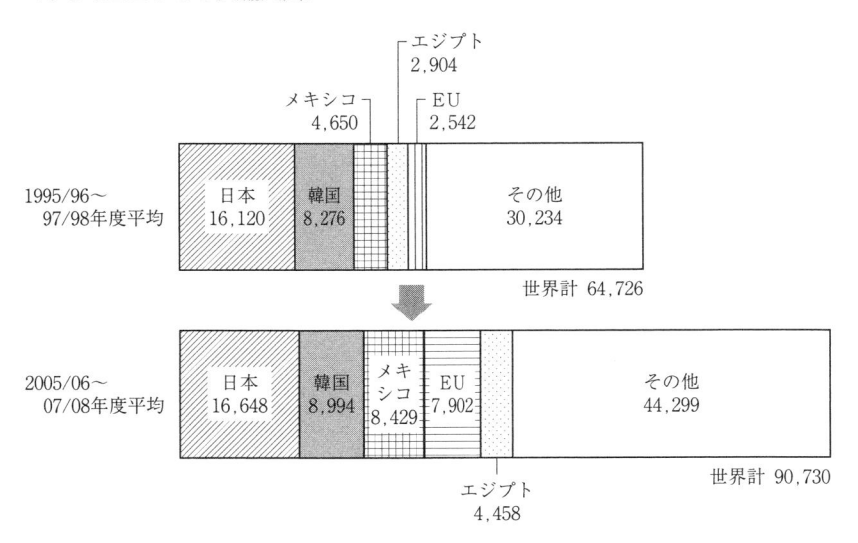

1995/96～97/98年度平均
- 日本 16,120
- 韓国 8,276
- メキシコ 4,650
- エジプト 2,904
- EU 2,542
- その他 30,234
- 世界計 64,726

2005/06～07/08年度平均
- 日本 16,648
- 韓国 8,994
- メキシコ 8,429
- EU 7,902
- エジプト 4,458
- その他 44,299
- 世界計 90,730

図5-2　トウモロコシの5大輸出国・輸入国の変化（1995/96～97/98年度平均と2005/06～07/08年度平均との比較）　　　　　　　　　　（単位：千t）
資料：図5-1と同じ。

<大豆の5大輸出国>

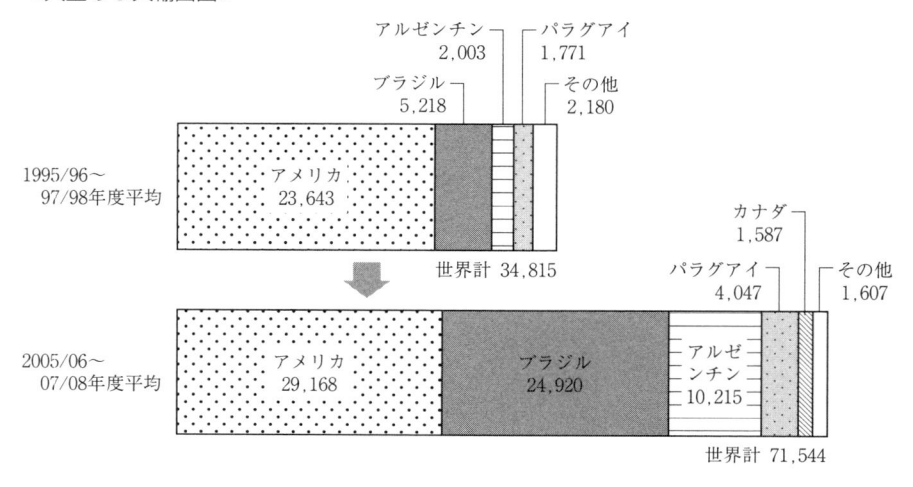

```
                          アルゼンチン ─ ┐ ┌─ パラグアイ
                             2,003        1,771
                  ┌─ ブラジル ─┐      ┌─ その他
                      5,218              2,180
1995/96〜
97/98年度平均         アメリカ
                      23,643
                                   世界計 34,815
```

```
                                                      カナダ ─┐
                                                       1,587
                                           パラグアイ ─┐    ┌─ その他
                                              4,047           1,607
2005/06〜           アメリカ        ブラジル         アルゼ
07/08年度平均       29,168         24,920          ンチン
                                                    10,215
                                                         世界計 71,544
```

<大豆の5大輸入国>

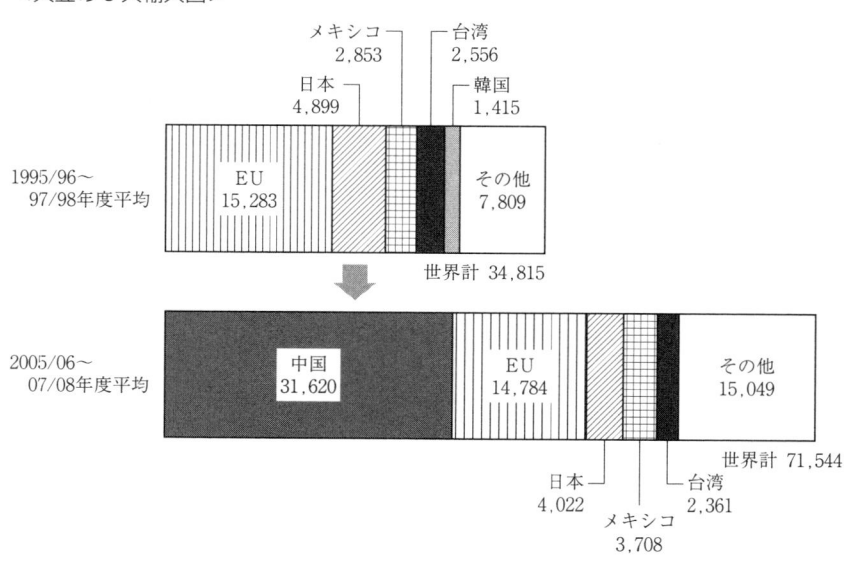

```
                    メキシコ ─┐   ┌─ 台湾
                       2,853       2,556
           ┌─ 日本            ┌─ 韓国
              4,899               1,415
1995/96〜       EU              その他
97/98年度平均   15,283           7,809
                         世界計 34,815
```

```
2005/06〜         中国             EU         その他
07/08年度平均     31,620          14,784      15,049
                                   世界計 71,544
                              日本 ─┘  └─ 台湾
                              4,022        2,361
                                    メキシコ
                                     3,708
```

図5-3 大豆の5大輸出国・輸入国の変化（1995/96〜97/98年度平均と2005/06〜07/08年度平均との比較） （単位：千t）
資料：USDA, *Oilseed: World Markets and Trade, December 1997, 1999, 2008, 2009* より作成。

<牛肉の5大輸出国>

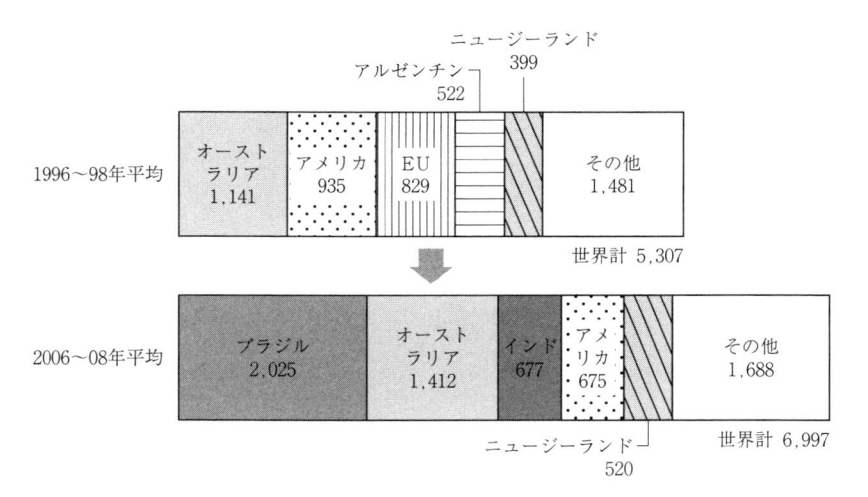

1996～98年平均: オーストラリア 1,141 / アメリカ 935 / EU 829 / アルゼンチン 522 / ニュージーランド 399 / その他 1,481　世界計 5,307

2006～08年平均: ブラジル 2,025 / オーストラリア 1,412 / インド 677 / アメリカ 675 / ニュージーランド 520 / その他 1,688　世界計 6,997

<牛肉の5大輸入国>

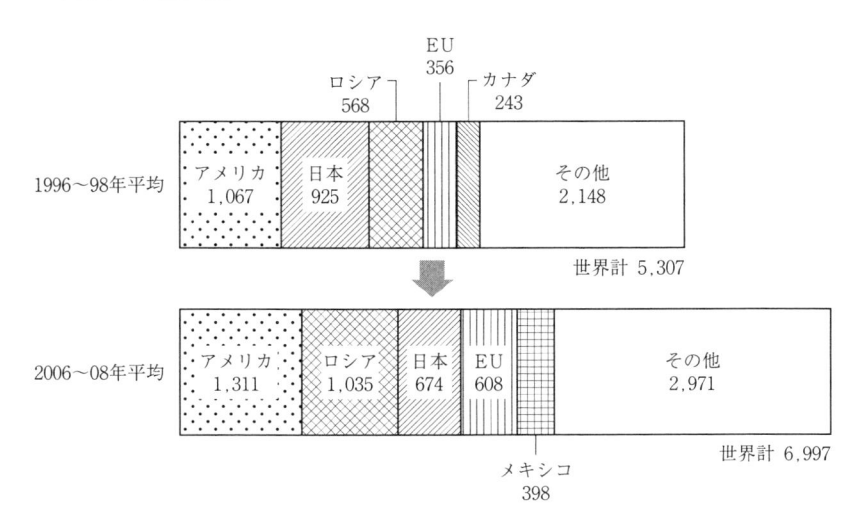

1996～98年平均: アメリカ 1,067 / 日本 925 / ロシア 568 / EU 356 / カナダ 243 / その他 2,148　世界計 5,307

2006～08年平均: アメリカ 1,311 / ロシア 1,035 / 日本 674 / EU 608 / メキシコ 398 / その他 2,971　世界計 6,997

図5-4　牛肉の5大輸出国・輸入国の変化（1996～98年平均と2006～08年平均との比較）　　　　　　　　　　　　　　　（単位：千t, 枝肉換算）
資料：USDA, *Livestock and Poultry: World Markets and Trade*, November 2000, 2009 より作成。

第5章　2つの「油」と作物連鎖　139

＜鶏肉の5大輸出国＞

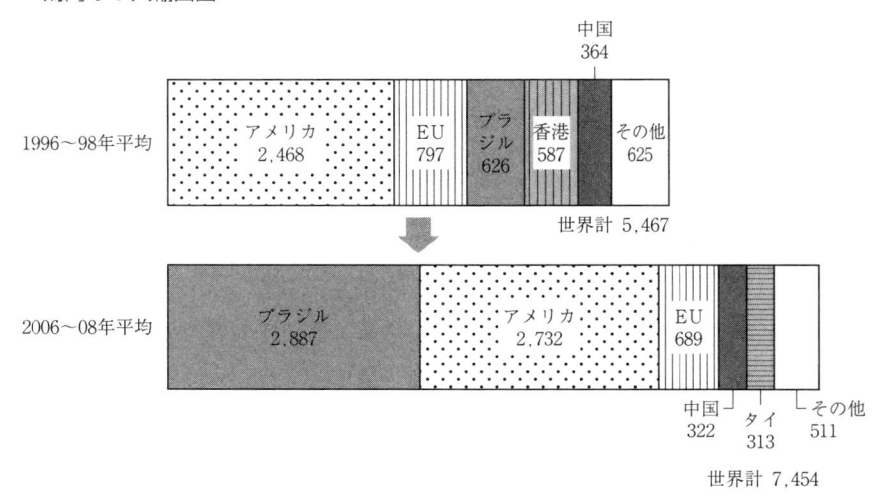

| 1996～98年平均 | アメリカ 2,468 | EU 797 | ブラジル 626 | 香港 587 | 中国 364 | その他 625 |

世界計 5,467

| 2006～08年平均 | ブラジル 2,887 | アメリカ 2,732 | EU 689 | 中国 322 | タイ 313 | その他 511 |

世界計 7,454

＜鶏肉の5大輸出国＞

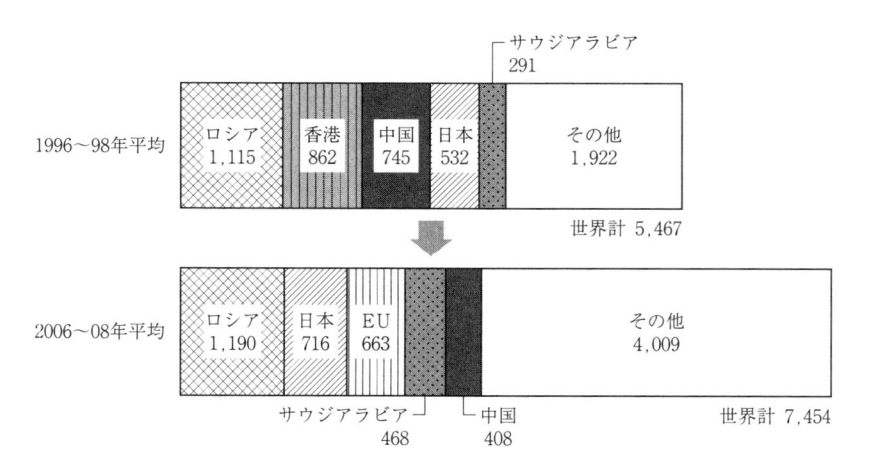

| 1996～98年平均 | ロシア 1,115 | 香港 862 | 中国 745 | 日本 532 | サウジアラビア 291 | その他 1,922 |

世界計 5,467

| 2006～08年平均 | ロシア 1,190 | 日本 716 | EU 663 | サウジアラビア 468 | 中国 408 | その他 4,009 |

世界計 7,454

図5-5　鶏肉の5大輸出国・輸入国の変化（1996～98年平均と2006～08年平均との比較）
（単位：千t，調理用鶏肉換算）
資料：図5-4と同じ。

さらに品目別では，食肉の輸出市場で際立った主役の交替が起きた。オーストラリアを抜いて世界最大の牛肉輸出国に躍り出たブラジルの輸出シェアが10年間に2.4％から28.9％へ激増した（図5-4）。また，ブラジルは鶏肉の輸出を63万t（世界市場の11.5％）から289万t（同38.7％）へ4.6倍に増やし，第1位のアメリカを追い抜いた（図5-5）。ブラジル1か国で世界の食肉輸出市場の構図を一気に塗り替えたといっても過言ではない。
　なお，かつては日本が世界最大の農産物輸入国であったが，牛肉，ワイン，青果物，加工食品等の輸入を増やすアメリカが今や第1位となり，中国の輸入額が第4位の日本に迫るなど（表5-2注3参照），輸入国の主役も代わり始めている（表5-2参照）。ただし，輸入額から輸出額を差し引いて比較すると，日本は依然として世界最大の農産物「純」輸入国となっている。

一握りの生産国に集中する品目別の輸出シェア

　第2の変化は，新興貿易国の勃興である。10年間に輸出額を148％も増やして世界第5位の輸出国となったブラジルが，勃興した新興輸出国として最も際立った存在である。品目別では，小麦の輸出を急増させてきたロシア（世界第4位）やウクライナ，トウモロコシの輸出を増やすアルゼンチン（世界第2位），パーム油の2大輸出国のインドネシアとマレーシアなどの輸出額の伸びが注目される。一方輸入国側では，最大の新興輸入国は中国であり，その輸入総額は10年間で2.3倍という驚異的な伸びである（表5-2参照）。大豆の大量買い付けがその大きな要因となってきた。また，小麦市場においてもトウモロコシの市場においても，エジプトやアルジェリア，インドネシア，メキシコなど人口増が続く開発途上国の輸入増加傾向が際立っている（図5-1～2）。
　第3の変化は，貿易シェアの集中である。「第5章 5．史上類をみない中国の大豆輸入の激増」で後述するが，中国1か国による大豆輸入シェアの急増が最も劇的な変化といえる。大豆は輸出市場でも集中化が著しく進んできた。アメリカとブラジル，アルゼンチンの3大輸出国のシェアは合わせて89.9％に達している（図5-3）。ただし，集中化は大豆市場だけではない。トウモロコシの輸出市場でも，アメリカとアルゼンチンが78.3％のシェアを支配し（図

5-2），鶏肉市場ではブラジルとアメリカの2大輸出国が75.4％を牛耳っている（図5-5）。

　一方，輸入市場の分散・拡大も注目すべき傾向であり，これが第4の変化である。こうした傾向が最も顕著に現われているのが，鶏肉の輸入市場である。同市場では5大輸入国の輸入量の合計が3％近く減少しているなかで，5大輸入国に入らない「その他」諸国の輸入増が10年間の増加分（36％増）のすべてをカバーしており，その量は2倍以上に増えている。先進国だけでなく，産油国や多くの開発途上国において鶏肉消費が確実に広まっていることを図5-5は示している。

　同様の傾向がトウモロコシと小麦の輸入市場でも現われてきた。国内の畜産振興がトウモロコシ等の輸入飼料穀物に依存せざるを得ない国は増えており，麺類やパスタなど小麦粉食品の消費が世界中で伸びてきたからである。輸出国の減産による価格高騰の影響が，世界中に広がる可能性がそれだけ高まってきたといえる。一部の生産国に輸出シェアが劇的に集中する一方で，輸入市場の分散・拡大傾向が強まってきたのである。

　1990年代後半からの10年ほどの間に，世界の農産物市場は"主役の交替"や"新興貿易国の勃興"など，かつて経験したことのない大規模な変貌を遂げてきた。食の高度化，アメリカ化が急速に進み，世界中へ拡大してきたなかで，人口増がこの流れをさらに強めている。こうした状況のなかで，トウモロコシやサトウキビを原料とするバイオ燃料の原料を供給する「燃料生産農業」が世界の農業へ急速に食い込んできたのである。

2.「燃料生産農業」の新展開

手厚い補助で急伸するアメリカのバイオエタノール生産

　2007年から2008年にかけ，穀物・大豆価格が高騰して食料インフレが世界中に広まった。2006～07年にオーストラリアが2年連続の干ばつに見舞われ，2007年の小麦輸出が半減したことをきっかけに，小麦やバイオエタノール原

料のトウモロコシ，大豆などの価格が上昇し始めた。これに投機資金の流入増が続き，価格をさらに押し上げた。米や小麦粉食品の値上がりに反発する市民のデモや暴動が，2008年4月までに34か国で発生した。アフリカの食料不足国では，2007年9月から2008年4月にかけ，世界食糧計画（WFP：World Food Programme，在ローマ）の援助用食料の輸送車が襲撃されて8人が死亡，49人が行方不明になるなど，事態は悪化した[1]。

「穀物をバイオ燃料の原料にしてはならない」「アメリカは食料を燃やすな」といったバイオ燃料に対する批判が国際的に高まった。しかし，食料インフレが徐々に沈静化した2008年末までに，バイオ燃料への批判はマスコミ報道から消え，何もなかったかのようにバイオ燃料の生産はその後も伸び続けている。

世界最大のバイオエタノール生産国はアメリカで，ブラジルが2位に続く。

アメリカは，石油の海外依存度を縮小するために「2005年エネルギー法」を定め，エネルギー全体の消費に占める再生可能燃料の使用基準割合（RFS）に基づいて石油へのバイオ燃料の混合目標を年度ごとに設定した。それから2年もたたない2007年1月，ブッシュ大統領は一般教書演説のなかでこの目標の大幅引上げ方針を明らかにした。「2017年までの10年間にガソリン消費を20％削減するため，（2005年法で75億ガロンと設定した2012年の）再生可能燃料の混合義務目標を2017年の350億ガロンへ引き上げる」。ブッシュ大統領のこうした大胆な新エネルギー計画によって，アメリカのバイオ燃料の生産は急激に増え始め，バイオ燃料に対する人びとの関心も高まった。

生物資源（バイオマス）を原料にして生産されるアルコールや合成ガスなどのバイオ燃料は，原料の生物自体がすでに二酸化炭素（CO_2）を吸収していることから，製造や燃焼段階でCO_2を放出しても二酸化炭素の増減に影響を与えない。その役割は，再生可能な石油代替燃料として石油危機が起こった1970年代から注目されてきた。

バイオエタノールの原料は国によって違う。ブラジルではサトウキビ，アメリカではトウモロコシ，EUではテンサイ（シュガービート）や小麦が主な原料である。ただし，原料は違っても糖質分を発酵・蒸留させてバイオエタノー

ルを生産するという技術は基本的に同じである。また，FAOの資料によると，原料1t当たりのエタノール生産量はトウモロコシで399ℓ（アメリカ），サトウキビ74.5ℓ（ブラジル），テンサイ110ℓ（世界平均）。1ha当たりでは，トウモロコシが3751ℓ（アメリカ），サトウキビ5476ℓ（ブラジル），テンサイ5060ℓ（世界平均，いずれも2007年）と，差がある[2]。原料にはこのような違いがあるものの，農業実態やバイオ燃料の技術開発の歴史などの事情によって各国はそれぞれ独自の原料を選択してきたのである。

トウモロコシをバイオエタノールの原料に選択したアメリカでは，2005年および2007年のエネルギー法に基づき，次のような助成措置によって生産と消費の促進が国家戦略として大規模に実施されてきた。

○混合ガソリンの製造業者に対する税控除（2005年度からバイオエタノール1ガロン（3.785ℓ）当たり51セント，バイオディーゼルには同1ドル）。

○小規模エタノール生産工場に対する税控除（農協組織などの年産6000万ガロン以下の工場に対し，1ガロン当たり10セントの連邦税を控除。控除対象は1500万ガロンを上限とし，控除額の上限は年間150万ドル）。

○商品金融公社（CCC）によるエタノール工場への原料無償供与。農務省の外郭組織であるCCCは，バイオ燃料の生産を前年より増やした工場に対し，トウモロコシなどCCC在庫の穀物等を無償供与。

○25％の関税などの国境措置でブラジル等からのエタノール輸入を制限。

○このほか，ガソリンスタンドに対する混合ガソリン売上税の優遇措置や研究機関等への技術開発援助，フレックス車（ガソリンでもエタノールでも走れる車）の販売促進など多様な支援策を実施。

このような手厚い補助政策の下で，アメリカのエタノール生産はブラジル以上の勢いで急増した。2005年に生産量が39億ガロン（約147億ℓ）に達し，アメリカはすでにブラジルを追い越して世界最大の生産国に躍り出たが，ガソリン価格の高騰によってエタノール生産は2006～08年に49億ガロンから90億ガロン（約340億ℓ）へ一気に増大した。このため，原料のトウモロコシ価格は2007年秋から2008年6月にかけて2倍から3倍以上へ高騰し，アメリカ

農業界は中西部のトウモロコシ生産州を中心にかつて経験したことのない"バイオブーム"に沸き立ったのである。再生可能燃料協会（RFA：Renewable Fuels Association, 在ワシントン）の情報によれば，2009年11月1日現在，アメリカの26州で170のエタノール工場が稼働し（生産能力は合わせて125億ガロン），2005年の81か所（同36億ガロン）から2倍以上へ増えている。建設中および増設中の工場は24か所あり，これらの新たな生産能力（20億ガロン）を足すと，全米の生産能力は2010年以内に150億ガロンに迫る。

なお，2007年の一般教書演説で新たな目標となった2017年の混合義務目標（350億ガロン）は，エタノールだけで達成されるわけではない。350億ガロンの目標達成に向けた年次別計画には技術開発中の第二世代バイオ燃料（セルロース系など）の供給増が織り込まれており，トウモロコシを主原料とするエタノールの供給目標は2015年以降150億ガロンを上限に据え置かれている。建設中も含めたエタノール工場の生産能力がこの上限へすでに近づいてきた。このことからも"バイオブーム"の沸騰ぶりを推測することができるだろう。

アメリカのバイオ燃料需要は堅調に推移し，生産は伸び続けている。それでも供給が不足し，2009年ブラジル等からの輸入は5億6000万ガロン，前年より1億ガロン以上増えるとRFAは予測する。世界最大の農業国であるアメリカが，バイオ燃料の生産と消費拡大の法的な枠組みを構築した。このことによって，農業の世界に「燃料生産農業」という新しい展開の幕が開かれたのである。

サトウキビの半分をエタノール生産へ回すブラジル

ブラジルは，2005年（暦年）にアメリカに追い抜かれて世界第2位のバイオエタノール生産国へ後退したものの，エタノールの生産と消費はアメリカに劣らぬ勢いで伸びている。ブラジルのエタノール生産量は，2004/05年度の154億ℓが2008/09年度には272億ℓに達し，2009/10年度には285億ℓへ増えると予想されている[3]。この背景には，主に次の3つの要因があったものと考えられる。

① 1973年の第1次石油危機で大打撃を受けたブラジルは石油輸入の抑制を

目指し，エタノール生産拡大政策を1975年から本格的に実施した。

②サトウキビ生産割当やバイオ燃料価格統制，外資導入規制などが1990年から緩和され，サトウキビとバイオ燃料の生産がともに増大した。

③政府は，ガソリンとエタノールの混合率を20〜25％に規定し，フレックス車の生産・販売を奨励した。そのため，2003年から販売されたフレックス車の台数は同年の8万5600台が2008年には236万台に達し，2009年上期においても増加傾向は続いている。新車販売の90％をフレックス車が占めているほどで，エタノールの消費はすでに定着化している[4]。

エタノールの消費量がガソリンの半分以上にまで増えているブラジルでは，エタノール価格がガソリン価格の70％未満というラインが消費者のエタノール購入基準となっている。2008〜09年は国内各都市でのこの割合が55〜70％で推移しており，エタノール需要はさらに伸びる勢いである。ブラジルのバイオエタノール生産には次の3つの特徴がある。

①世界最大の砂糖生産国であり，輸出国でもあるブラジルが，砂糖の原料（サトウキビ）をエタノールの原料としても活用している。そのため，砂糖の輸出とエタノールの生産は競合関係にある。

②400以上の砂糖工場のほとんどが，砂糖とエタノールの両方を製造している。砂糖工場は，搬入されるサトウキビを砂糖生産部門とエタノール生産部門へどの割合で振り分けるかを，両者の価格動向をみて判断する。2007/08年度，砂糖とエタノールの配分割合は46対54であった。ところが，2008/09年度は原油価格とともにエタノールも高騰し，この割合は40対60となり，エタノールの割合が1年間に4％も増えた。ただし，2008〜09年には砂糖の国際価格が高騰しているため，2009/10年度には43対57へと，砂糖仕向けの割合が一定程度回復するとアメリカ農務省は予測する[5]。

③ブラジル政府はエタノールを国家エネルギー戦略の重要な要素と位置づけており，その生産はあくまで内需向けが中心である。ただし，アメリカ等への輸出も増え始めており，生産量に占める輸出の割合は20％近くに達している。国際価格の水準いかんでは，ブラジルの重要輸出商品へ成長する可能性がエタ

ノールには秘められている。

3. 未経験のステージへ進む国際食料・飼料市場

広がる「燃料生産農業」の影響

　ブラジルは，サトウキビ由来のバイオエタノール生産でアメリカに次ぐ世界第2位の生産国であり，同時に世界第1位の砂糖輸出国でもある。2008年ブラジルのサトウキビ作付面積は719万ha（耕地面積の9.3％），過去30年間で4倍に増え，サトウキビの生産量は過去8年間にほぼ倍増して4億9000万tに達した。2008/09年度3240万tに及んだブラジルの砂糖（粗糖）生産は，EU（1690万t），インド（1680万t），中国（1350万t）を大きく引き離して第1位であり，世界の総生産量の21.8％を占める（USDA）。生産量は今後も増え，2015年に4320万tへ達するとブラジル政府は見込む。ただし，同政府は基本的には砂糖ではなくバイオエタノールのより大きな生産増を期待している[6]。

　砂糖の輸出も増え続けている。1994年，当時35％の輸出シェアを有していたキューバをブラジルが追い抜いた。1991年のソ連崩壊でキューバは最大の輸出市場を失い，1994年のハリケーンで砂糖産業は深刻な被害を受けた。1990年代後半からブラジルはキューバの伝統的な輸出市場であったロシアや中国，中東産油国等へ輸出を伸ばし，2008/09年度の砂糖輸出は2025万t，世界市場におけるシェアは42％に達した。国内のバイオエタノール供給を増やして自国の石油資源を節約し，同時に砂糖とエタノールの輸出をともに増やして外貨を稼ごうというブラジル政府の思惑どおりに事態が今後進むなら，2015年には砂糖の輸出量が2530万tへ達し，世界市場の50％以上を支配することになる[7]。

　サトウキビを軸にした「燃料生産農業」と砂糖の輸出増というブラジルの戦略が世界の食料市場へ与える影響について考える場合，特に次の2つの変化に注目する必要がある。

1つ目は砂糖貿易の主役の変更である。1990年代を境に砂糖輸出国の中心がキューバ，ヨーロッパ，東南アジア，中国から，ブラジル，タイ，オーストラリア，インドへ移った。伝統的な輸出国であったインドネシアやフィリピンなどは，人口増による消費増と競争力低下で純輸入国へ転落した。戦後の砂糖貿易の枠組みがブラジルの台頭によって崩壊したのである。崩壊はEUの制度改革から始まった。EUは，域内のテンサイ生産を保護すると同時に，アフリカ，カリブ海，太平洋諸国（ACP諸国）から優先的に砂糖（粗糖）を輸入し，域内産に加えてこの加工品（精糖）の補助金つき輸出を増やしてきた。ところが2003年，ブラジルなどの輸出国によってEUの砂糖政策が世界貿易機関（WTO）へ提訴され，EU側は敗訴して2005年に輸出補助の廃止など，砂糖政策の大幅改革に追い込まれた。年間500万t以上の砂糖輸出圏であったEUが，2008/09年度には200万tを超える純輸入圏に転落したのである。域内のテンサイ生産は減り続けており，EUの砂糖輸入増が今後も国際市場の逼迫要因になるのは必至といえる。2009/10年度には砂糖価格の大幅な高騰が予測されているにもかかわらず，EUの輸入量は450万t（前年度比13％増）に達するとみられている（USDA）。これは世界の貿易量の9％に及ぶ量である。

　2つ目は砂糖市場の寡占化である。2007/08年度，ブラジルとタイ，オーストラリアの3大輸出国のシェアはそれぞれ37.9％，9.4％，7.1％に及び，合わせて54.4％に達した。特にブラジルは過去10年間に13ポイントもシェアを拡大している。このことは，すべての国の国民にとって欠かすことのできない砂糖という食品の供給で，多くの国がバイオエタノール生産と直結するブラジルの砂糖産業に依存せざるを得なくなったという国際市場の変化を意味している。

　なお，2009年6月に公表された国連食糧農業機関（FAO）と経済開発協力機構（OECD：Organization for Economic Co-operation and Development, 在パリ）の共同研究「2009年農業観測」（以下，「OECD/FAO長期農業観測」と記す）は，1994年の北米自由貿易協定（アメリカ，カナダ，メキシコ3か国の地域協定）によってアメリカはメキシコからの砂糖輸入を増やしており，

EUと同様，砂糖の主要な純輸入国になると予測している[8]。1990年代の後半から2000年代にかけて，アメリカの砂糖（粗糖）輸入は100万t台から200万t台へ増えきた。今後，エタノール原料のトウモロコシの作付増によってアメリカ国内のサトウキビやテンサイの生産が減少していけば，砂糖の輸入が増え，国際市場の逼迫要因にはEUのほかにアメリカも加わることになる。

これまでの砂糖の国際相場は，ブラジルやEU，オーストラリアなどの大生産国と，中国やインド，アメリカなどの大消費国におけるサトウキビとテンサイの作柄によって変動してきた。しかし近年は，バイオ燃料との連鎖が市場価格へ反映する傾向が強まっている。2007年までの数年間は新興国などの需要増で砂糖の国際価格が大幅に値上がりしたが，2007年に入るとニューヨーク商品取引市場の現物価格（粗糖）は過剰供給によって1ポンド当たり16～17セントの高値から9～10セントへ下落した。

ところが2008～09年，インドのサトウキビ生産が2年続きの干ばつによって大幅に減少した。そのため，砂糖の輸出国であったインドが2008/09年度から純輸入国へ転落し，2009/10年度には600万t（粗糖）も買い付けて世界最大の輸入国になるとの予測が出てきた（USDA）。

一方，世界最大の砂糖輸出国であるブラジルでは，2007～08年の低温・長雨等の被害によってサトウキビの減収と砂糖輸出の低迷が続いた。しかし2009/10年度には，インドの大量輸入予測が追い風となって，同国の砂糖輸出は前年度よりも230万t（11％）以上増えると見込まれる。それにもかかわらず，2008年2月ころから上がり始めたニューヨーク市場の砂糖価格は上昇を続け，2009年12月末には1ポンド当たり26～27セントと，ほぼ30年ぶりの高値に達した。ブラジルの堅調なバイオエタノール需要を反映してサトウキビの砂糖仕向け割合が大幅に高まる可能性は少なく，インドなど開発途上国の消費と輸入需要は今後も伸びると市場が予測しているためである。

世界の砂糖市場のほぼ40％を牛耳るブラジルでは，国際市場価格が高騰する砂糖と，増え続ける国内のバイオエタノール需要がサトウキビという共通の原料を奪い合う。こうした状況に，インドの大量輸入という事態が重なり，世

界各国の砂糖価格がじりじりと上がり続けているのである。

輸出量を超えたアメリカのバイオ燃料用のトウモロコシ需要

「燃料生産農業」の展開によって最も注目すべき変化が，アメリカのトウモロコシ市場に起こった。2007年1月，ブッシュ大統領によってバイオ燃料の生産振興方針が明確に示されたことをきっかけにして，アメリカのトウモロコシ生産は急増した。2006/07年度の2億6750万tが翌年の2007/08年に24％も増えて3億3120万tに達したのである。しかも2007/08年度には，トウモロコシの輸出量がバイオエタノール仕向け量を下回るという事態が初めて起こった。同年度のトウモロコシ生産量に占めるエタノール原料用の割合は23.4％で，輸出量の18.3％を大きく上回った。これらの割合は2008/09年度にそれぞれ30.6％，15.4％へ変化して，エタノールと輸出の差は拡大し，2009/10年度には32.3％，16.5％と，この差がさらに広がると予測されている

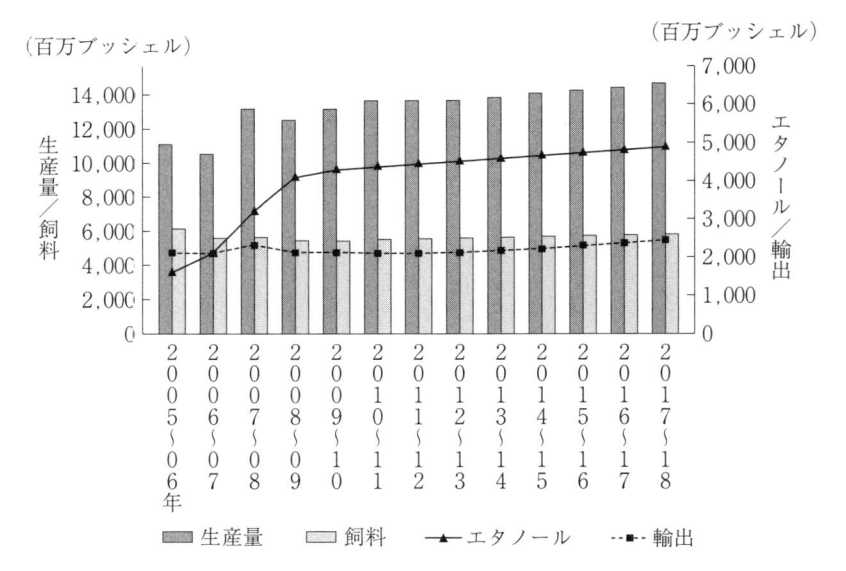

図5-6　アメリカのトウモロコシの生産と利用（現状と予測）
資料：2005/05～2008/09年度はUSDA, *World Supply and Demand Estimates*, 2009/10～2017/18年度はUSDA, *Agricultural Projections to 2018*, February 2009 より作成。
注：年度はトウモロコシの販売年度（9月から翌年の10月）。

(図 5-6)。

　アメリカ農務省が 2009 年 2 月に公表した 2017/18 年度までの長期予測は，図 5-6 に示されるようにエタノール仕向け量が増え続け，2017/18 年度には 1 億 2830 万 t に達するとしている。バイオエタノール用のトウモロコシは今後 10 年間に 26％以上増えるが，国内の飼料向けと輸出向けの量はほとんど増えないと予測されている。なおこの間に，生産量は 11.5％増えると見込まれるが，このほとんどすべてが単収増によるもので，作付面積はほぼ現状維持と農務省の長期予測はみる。もし予測どおりに輸出へ回せる量がほぼ横ばいで推移するなら，新興国などの輸入需要増によって世界の飼料穀物市場が長期にわたり逼迫する可能性は非常に高いとみておく必要がある。

　トウモロコシの農家渡し価格が 1 ブッシェル（25.4 kg）当たり 2 ドル前後の低位で長期に安定していた 2005/06 年度ころまでは，期末在庫率が 17〜18％の水準にあった。2008/09〜2009/10 年度においては，同価格が 4 ドル前後から 3.25〜3.85 ドルへ下がると農務省は予測しているが，期末在庫率は 12〜13％の水準である。一方，2009 年 2 月に農務省が公表した 2017/18 年度への長期予測では，農家渡し価格が 3.5〜3.6 ドルで推移するとみられているが，期末在庫率は 9％前後と非常に低く予測されており，小規模な減収でも市場価格が一気に高騰する危険性はさらに大きくなると考えられる[9]。

　大量のトウモロコシをバイオエタノールの生産へ仕向けることに対し，アメリカでも強い批判はあった。特に，トウモロコシなど飼料穀物の高騰で経営が悪化した牛肉生産者と酪農団体は，食肉価格の値上がりに反発する消費者の声を背景に，バイオ燃料への助成措置の延長阻止や廃止を求め議会へのロビー活動を強めた。しかし，2007 年から強まったこれら反対派のキャンペーンは，2008 年秋のリーマンショックと大統領選挙のなかでかき消された。また 2009 年に入るとトウモロコシ価格が下落へ転じた。食肉輸出の大幅増などによって畜産経営は持ち直し始め，畜産農家の関心が反バイオ燃料キャンペーンに再び転じる可能性は今のところ弱まっている。

　さらに，アメリカの畜産農家がバイオエタノールを真っ向から否定し難い

状況が生まれている。トウモロコシの蒸留粕であるジスチラーズ・グレイン（DDGs：Distiller's Dried Grains）と呼ばれるエタノールの副産物[10]が，配合飼料の原料として普及してきたのである。エタノール工場から供給されるDDGsは1単位でトウモロコシの0.9単位，大豆粕の0.05～0.25単位の栄養価（タンパク質等）を代替することができる。2005年の生産量900万tが，2008年には2300万tに達した（RFA）。この量はトウモロコシの国内飼料消費量の約17％に相当する。

また2007～08年には，DDGsの価格がトウモロコシ価格の85％前後へ下がり，養豚・養鶏農家を中心にDDGsの消費が急速に伸びている[11]。前述した2015年のバイオエタノールの供給目標（150億ガロン）がすべてトウモロコシを原料にして達成されるとするなら，DDGsの生産量は約4500万tに達する。飼料原料配合の新たな選択肢として登場したDDGsが，いっそう普及していくことは十分に予想される[12]。

一方，DDGsの販売はエタノール工場にとって重要な収益源となり，アメリカの飼料業界にとって有望な新ビジネスになりつつある。さらには，メキシコやカナダ，日本，韓国等への輸出がすでに開始されており，2015年までにDDGsの総輸出量は1400万tに達すると米国穀物協議会は期待する[13]。飼料用トウモロコシの供給量の不足分をDDGsというエタノール副産物がカバーする―こうした市場構造がアメリカ国内で定着化し，輸出へ回される余剰分が増えていくようなことになるなら，世界の飼料原料市場は大きな変化を余儀なくされるだろう。

ブラジルではバイオ燃料の生産へ仕向けられるサトウキビの割合が50％を超え，アメリカではバイオエタノールの原料へトウモロコシの30％以上が供給される。アメリカとブラジルという世界の2大農業国にとって重要な作物が，国家のエネルギー戦略のなかに組み込まれたのである。両国の「燃料生産農業」はすでに発展の地歩を築き上げた。原油価格の動向と第二世代バイオ燃料の技術開発の遅れいかんでは，もう一段上のステージへ上がる可能性が出てくる。

しかも「燃料生産農業」の展開は，アメリカとブラジルの2か国にとどまらない。2008年の両国を除いた世界のバイオエタノール生産量は全体の11％にすぎないが，2007～08年の間にその量は20％近く増えており，500万ガロン（約1900万ℓ）を超える生産国は，EU，中国，カナダ，タイ，インドなど12か国・地域に及ぶ。日本では，JA全農や北海道のJA組織などが，水田の維持などを主要目的にしてエタノール生産の技術開発と生産事業に着手しているが，量的にはこれら12か国には及ばない。技術開発に遅れをとれば，第二世代のバイオ燃料の次の展開においても，日本にとっては大輸入市場という選択肢しか残らないかもしれない。

　今後，原油価格が再び高騰へ転じれば，石油代替エネルギーのバイオエタノールの価格も連動して上がる。エタノール価格が上昇すれば，原料のトウモロコシとサトウキビの作付けが増え，小麦や大豆など他の作物の作付けが減って，これらの作物の市場も逼迫する。また，国際社会は，穀物や大豆の先物市場へ投機資金が流入するのを止める仕組みを有していない。食料を供給する世界の農業へ「燃料生産農業」が大規模に参入してきたことによって農産物の国際市場は今まで経験したことのない新局面に入ってきたのである。これは一時的な現象ではない。もはや「燃料生産農業」が後戻りすることはないと認識しておかなければならない。

4．バイオディーゼルとEUの油糧種子問題

　バイオ燃料はエタノールだけではない。輸送トラックなどのディーゼル車に使用されるバイオディーゼルもバイオ燃料の1つである。バイオエタノールがガソリン混合に使われるのに対し，バイオディーゼルは軽油に混合される。「OECD/FAO長期農業観測」によると[14]，2009年の世界の総生産量は192億5100万ℓ（約1700万t）に達した。2006～08年の年間平均より60％以上も増えている。その生産量はバイオエタノールの24％ほどではあるが，生産は急増している。とりわけドイツ，フランスでは再生可能燃料の中軸としてバイオ

ディーゼルの生産が振興され，近年はアメリカ，ブラジル等でも生産が増えてきた。大豆油や菜種油などの植物油を原料とするバイオディーゼルが，バイオエタノールとは別の方向から世界の農業へ影響を与え始めている。その最初の動きがEUで起きてきた。

大豆製品の需給を逼迫させるEUのバイオ戦略

EUはアメリカとのブレアハウス合意に基づき，1995年から油糧種子の生産を抑制する一方で，大豆の輸入を増やし，搾った大豆油と大豆粕の輸出を伸ばしてきた。EU向け大豆輸出の回復をもくろんだアメリカにとっては，望みどおりの流れであった。

ところが2003年から，この流れに3つの変化が起きた。

第1の変化はEUにおけるバイオ燃料政策である。EUでは，1992年の共通農業政策（CAP）改革で休耕地における非食用の油糧種子生産が可能となった。さらに2003年の「EUのバイオ燃料促進指令」によって，2004年から「休耕地以外でのエネルギー燃料作物特別助成制度」が1ha当たり45ユーロの補助金を支給することとした[15]。補助対象の農地面積には150万haの上限が設定されたものの（2009年10月現在は200万ha），上限を超えた分についても減額補助が支給される。このため，ヨーロッパの自然環境に適し，従来生育されてきた菜種の生産が急増した。2003/04〜2004/05年度の1年間にEU27か国の菜種生産量は1113万tから1545万tへ39％も増え，2008/09年度には1891万tに達したと推計されている。5年間で70％の急増である（Oil World）。

第2の変化はEUによる植物油の輸入増である。食用油やマーガリン等の原料として消費されるパーム油や大豆油だけでなく，バイオディーゼルの原料となる菜種やひまわり種子の油の輸入需要も伸びてきたのである。

2007年3月，EU首脳会議は「ヨーロッパのエネルギー政策」を決議し，同年1月10日にEU委員会が提起した「再生エネルギー工程表」（ロードマップ）を承認した。このなかで「域内燃料消費量の最低10％をバイオ燃料とする」ことが強制力を伴う目標として決定されたのである[16]。2007年，EUでは輸送用燃料に占めるバイオ燃料の割合が2.6％にとどまっており，10％は大幅な

増加目標となった。

　これによって EU では，バイオ燃料消費の 70％以上を占めるバイオディーゼルの生産が急増した。ヨーロッパ・バイオディーゼル・ボード（EBB：European Biodiesel Board，在ブリュッセル）の情報によると，2005～08 年の間にバイオディーゼルの生産量は 489 万 t から 776 万 t へ増大している。一方消費サイドでは，ディーゼル 5％混合，10％混合など加盟国によって混合率に差はあるが，ドイツ，フランス等を中心に混合軽油の普及が進み，域内の消費量は 790 万 t（2008 年）に達した。消費量が生産量を上回り，不足分は主にアメリカから輸入している[17]。なお，EU のバイオエタノールの消費量は，バイオディーゼルの 4 分の 1 程度の水準にある。もともとオーストリアやフランス，ベルギー等では，燃費がよく，二酸化炭素ガスの排出が少ないディーゼル車が 50％以上普及しており，バイオエタノールが圧倒的に多いアメリカやブラジルとは対照的である。

　EU のバイオディーゼルの主な原料は菜種油であり，ひまわり種油も使われている。2007 年には約 400 万 ha の耕地でバイオ燃料用の菜種やひまわり種が生産された。テンサイや小麦の作付けが減って油糧種子の生産は増えると見込まれている。ちなみに，バイオディーゼルの生産に仕向けられた菜種油の割合は 2003/04 年度の 40％から 2008/09 年度には 62％にまで増えており（Oil World），バイオ燃料の増産が域内の油糧種子生産に大きな影響を与えていくのは必至である。

　しかし，域内産の菜種油だけでは足らない。EU27 か国の植物油の生産量は 2000 万 t（うち菜種油が 850 万 t）を超えているが，食用と燃料用の両方の需要増にはこれでも追いつけない。2007/08 年度，EU の植物油の輸入は 970 万 t に達した。過去 5 年間で 200 万 t 以上も増えている。なお，この輸入量は世界全体の 17％に及び，中国の 16％を上回っている。植物油の貿易においても，EU と中国の 2 大輸入市場への集中化が起きているのである。

　EU がバイオディーゼルの生産を今後も計画どおりに増やし続けるなら，原料の植物油の輸入はさらに増え，一方域内加工の大豆油などの輸出は大幅に減

るだろう。このようなEUによる植物油の入超という動きは，国際市場の需給を逼迫させる大きな要因の1つになる。実際，2000年代初めには220万～240万tの水準にあったEUの植物油の輸出量は，2007/08年度以降は70万～80万tへすでに落ち込んでいる。

　第3の変化は，EUの搾油量が増え，タンパク飼料原料としての油糧種子粕の供給が増大してきたにもかかわらず，域内の需要増に追いつけず，大豆粕の輸入が増えてきたという変化である。BSEの発生件数が大幅に減少するなかで[18]，EU諸国の食肉生産が回復基調へ転じ，配合飼料の需要が伸び続けている。しかし，2001年に肉骨粉の使用が禁止されたために域内産の飼料原料だけでは需要増に応えられないのである。

　これら3つの変化を国際市場の枠組みのなかでとらえるなら，①大豆市場と大豆油などの植物油市場で中国とEUの輸入競合が激しくなり，②飼料原料の多くを輸入に依存する中国とEUという2つの巨大な畜産市場が今後も拡大していくなら，タンパク飼料原料の国際需給がさらに逼迫していくと，予想することができる。また，EUは植物油だけでなくバイオディーゼルそのものの大輸入圏に発展していくことが，輸出国側からは期待されており，その可能性は高いと思われる。

　この関連で貿易紛争に発展しかねない状況が，アメリカとEUの間で2009年の夏に出現した。2008年4月29日，EBBは，アメリカが補助金つきのバイオディーゼルをダンピング輸出しているとしてEU委員会へ提訴した。EBBを組織する約60のバイオ燃料企業は域内需要の拡大を見込んで生産能力を大幅に拡大したが，アメリカからの安価なバイオディーゼルの輸入増も1つの要因となって，稼働率は生産能力の40％程度まで落ち，一部企業の経営は悪化している。2009年3月11日にEU委員会はダンピング輸出の疑義があるとして，カーギルやADMなど穀物メジャー等の輸出実態調査を決定し，7月7日，この調査結果に基づいて1t当たり237ユーロ（約330ドル）の相殺関税等を発動した[19]。これに対し，アメリカのバイオディーゼル・ボードは「WTO協定に違反する」との声明を出したが，2009年10月末の段階では，WTO提訴

の動きはない。ダンピング騒動の今後の展開は不透明だが，他方ではブラジル政府がアメリカのエタノール輸入関税の撤廃を求めており，バイオ燃料の貿易問題が今後の WTO 交渉の 1 つの取引材料になっていく可能性もあると予想される。「第 2 のブレアハウス合意」が出てくるかもしれない。

農業国で拡大するバイオディーゼルの生産

EU が世界のバイオディーゼル生産量の 54％（2008 年）を占めるが，これに 16％のアメリカが続き，オーストラリア，ブラジル，インドネシア，マレーシア，インド，コロンビアなどで生産が伸びている。2008 年 1 月からブラジル政府は軽油にバイオディーゼルを 2％混合（B2）することを義務づけ，同年 7 月から混合率を 3％（B3）へ引き上げて，2013 年には 5％とする計画を明らかにした。バイオエタノールに続いてバイオディーゼルについても，本格的な生産と消費拡大の方針が打ち出されたのである。

ブラジルは 1970 年代のオイルショックで深刻な打撃を受けた。このため，政府は積極的に外資を導入して海底油田の開発に力を入れた。その結果，2006 年には石油の自給を達成した。ただし，国内の総エネルギー供給（水力発電等を含む）に占める石油の割合は 35～36％にすぎず，46％を超える再生可能燃料の国内供給があってはじめて石油の自給が可能となっている[20]。2002 年に就任したルーラ大統領は石油資源の開発とバイオ燃料の増産の両方に多国籍企業の投資を受け入れ，エネルギー資源の輸出によってブラジル経済の発展を目指してきた。バイオディーゼルの普及促進も，こうしたエネルギー政策の一環である。ブラジルでは，輸送トラックなどによるディーゼルオイル（軽油）の消費が輸送燃料全体の 55％以上に及んでおり，3％混合（B3）の普及は燃料需給に一定の影響を及ぼすとみられている。

問題はバイオディーゼルの原料である。ブラジルではその大部分が大豆油である。アメリカ農務省の情報によると[21]，2008 年のバイオディーゼル生産に投入された大豆油は 80 万 t。これは 400 万 t 以上の大豆の搾油量に相当し，搾油用大豆のほぼ 13％に及ぶが，今後ディーゼル向けの大豆油が増えれば，ブラジルの国内大豆消費が伸びて輸出に影響を与えることになる。「OECD/

FAO 長期農業観測」は，ブラジルのバイオディーゼル生産量が 2009 年に 11 億 8600 万ℓ，2018 年には 29 億 4700 万ℓに増えると予測した。アメリカについても同様の展開が予想されている。大豆油を原料とするアメリカのバイオディーゼルの生産量は，2009 年に 31 億 9800 万ℓ（2006〜08 年の年間平均より 43％増）に達し，2018 年には 52 億 3000 万ℓと，さらに 64％も増えると予測されているのである。

バイオ燃料の主な原料は，もはやトウモロコシやサトウキビに限らなくなってきた。バイオエタノールに次ぐバイオディーゼルの原料として，大豆油の需要は増え続ける。大豆という巨大な国際市場でも，トウモロコシや砂糖の市場と同様に，バイオ燃料との連鎖という構造的な変化が生じてきたのである。食料由来の第一世代バイオ燃料が，長期的には非食料由来の第二世代バイオ燃料にとって代わるとの観測はある。しかし，EU 委員会の「2020 年の農業市場におけるバイオ燃料の最低 10％シェアの影響」（2007 年）の分析で，EU の専門家は「2020 年における第二世代バイオ燃料の割合を 30％」と仮定しながらも，今後の研究・開発の進度など多くの不確定要素があると示唆している[22]。

アメリカでは第二次世代バイオ燃料の原料としてイネ科の雑草のスイッチグラスが最も有力視されているが，実用化の具体的なめどは立っていない。解決しなければならない課題は多く，原料が非常にかさばるために，輸送システムの開発と輸送コストの削減も重要な課題になると指摘されている。ちなみに，原料生産地の収益上の立地条件はエタノール生産工場から 50〜80 km の範囲が限界とみられている[23]。

第二世代のバイオ燃料の開発と事業化が今後急ピッチで進められていくのは間違いないが，第一世代の食料由来バイオ燃料が石油の代替燃料として相当長期間にわたり重要な位置を占めていくことも確実である。こうした状況のなかで，アメリカやブラジル，EU 諸国では，バイオ燃料の混合率の引上げに向けてさまざまな議会工作や広報活動が展開されている。地球温暖化対策や環境問題に対する市民の意識改革が，このような運動をさらに後押しすることになると考えられる。

5. 史上類をみない中国の大豆輸入の激増

　表5-3に示されるように，中国は世界第4位の大豆の大生産国である。1995～2007年の12年間に，世界の大豆生産量は1億2695万tから2億2053万tへ73.7％も増大した。この間，アルゼンチンが3.9倍と最大の伸びを示した。これにブラジルの2.2倍，アメリカの1.2倍が続いたが，中国は2004年をピークに減少・伸び悩みの状況にある。

　なお，前述したように大豆は菜種やひまわり種子，ごまなどと同様に油糧種子に分類されるが，多くの油糧種子のなかで大豆が最も重要な作物である。表5-4に示されているように，油糧種子の世界全体の生産量と輸出量に占める大豆の割合はそれぞれ56.7％，84.0％に達している。また，油糧種子粕の生産と輸出でも大豆粕の割合は61.0％，73.2％と圧倒的なシェアを有している。ただし植物油の生産量では，インドネシアやマレーシアなどの熱帯地域で生産されるアブラヤシ（パーム）の実を原料とするパーム油が大豆油を上回っており，大豆油の輸出量は，国際価格が20％以上も安価なパーム油の3分の1の水準

表5-3　世界の大豆生産の推移（1995～2007年）　　　　　　　　（単位：千t）

暦年	世界計	アメリカ	ブラジル	アルゼンチン	中国
1995	126,950	59,174	25,683	12,133	13,511
1996	130,203	64,782	23,155	12,448	13,234
1997	144,357	73,177	26,391	11,005	14,737
1998	160,135	74,599	31,307	18,732	15,153
1999	157,779	72,223	30,987	20,000	14,245
2000	161,291	75,055	32,735	20,136	15,411
2001	178,239	78,671	39,058	26,881	15,407
2002	181,660	75,010	42,769	30,000	16,505
2003	190,642	66,778	51,919	34,819	15,393
2004	205,519	85,013	49,550	31,577	17,404
2005	214,255	83,368	51,182	38,290	16,350
2006	218,233	83,510	52,465	40,537	15,500
2007	220,533	72,860	57,857	47,483	13,800

資料：FAOのデータベース（FAOSTAT）より作成（2009年11月）。

表5-4　世界の主な油糧種子および油糧種子製品の生産量と輸出量（2007/08年）　（単位：百万t，カッコ内は％）

油糧種子・製品	生産量	輸出量
油糧種子	389.49 (100.0)	93.18 (100.0)
大豆	220.90 (56.7)	78.25 (84.0)
菜種	48.64 (12.9)	8.82 (9.5)
綿実	43.71 (11.2)	8.29 (8.9)
ひまわり種	29.07 (7.5)	1.32 (1.4)
落花生	24.24 (6.2)	1.79 (1.9)
植物油	159.03 (100.0)	60.83 (100.0)
パーム油	42.48 (26.7)	32.84 (54.0)
大豆油	37.71 (21.7)	11.14 (18.3)
菜種油	19.41 (12.2)	2.18 (3.6)
ひまわり種油	10.10 (6.4)	3.70 (6.1)
綿実油	5.09 (3.2)	0.15 (0.2)
油糧種子等の粕	261.37 (100.0)	77.04 (100.0)
大豆粕	159.35 (61.0)	56.36 (73.2)
綿実粕	20.61 (7.9)	0.49 (0.6)
ひまわり種粕	11.50 (4.4)	3.29 (4.3)
魚粕	5.20 (2.0)	3.38 (4.4)

資料：ISTA Mielke GmbH, *Oil World Annual 2009* より作成。年度は2007年10月～2008年9月。
注：油糧種子はアブラヤシ（パーム）実を含まない。植物油には種子油，パーム油，油脂等が含まれる。油糧種子等の粕には魚粕が含まれる。

にある。

外資導入で世界の半分を占めるに至った中国の大豆輸入

中国は1986年7月にガット加盟を申請し，2001年11月，ガットを引き継いだWTOへの中国加盟が決定した。アメリカなどのWTO主要国が了承しなければ加盟は認められず，主要国と中国との加盟交渉は長期間に及んだ。こうした交渉を有利に進め，WTO早期加盟を実現することによってアメリカやEU等への輸出を大幅に増やせるともくろんだ中国は，国内市場の一部を前倒しして開放した。この一環として，1995年には輸入大豆および同大豆粕に対する13％の付加価値税が廃止され，それぞれ3％，5％の輸入関税に置き換えられた。

こうした自由化措置の背景には，国内の畜産振興のために安価な大豆粕（タンパク飼料原料）を輸入せざるを得なくなったという事情がある。配合飼料の主原料であるトウモロコシの生産を増やすと同時に大豆の生産も拡大できるほど，中国には耕地の余裕がなくなってきた。特に大豆の伝統的な主産地である吉林省などの東北部や華北平原では，多くの農家が冬小麦と大豆の二毛作を行っている。そのため，大豆の生産増を優先すれば，小麦やトウモロコシの作付けが減る。穀物の総合的な自給体制は維持したい中国政府にとって，油糧種子の大豆の生産を増やすために穀物からの転作誘導を行うことは困難な選択肢であった。

　1990年代の終わりから中国の耕地面積はほぼ横ばいの状態にある。トウモロコシの生産が増え，小麦や米などの穀物が減っている。これ以上穀物の作付けが減少すれば，主食の輸入依存度が高まりかねない。このため，中国政府は大豆の完全な自給は諦めるという選択をした。ただし，国内生産を減らしたわけではない。1995年の輸入自由化後，大豆生産は1500万tの水準から1300万〜1500万tへいったんは減少するが，2000年代に入ると需要増に対応して大豆増産が奨励され，2005年以降1400万〜1600万tの水準を維持している。

　菜種などを含めた油糧種子全体の国内生産も増えている。それにもかかわらず，中国の輸入は急増してきた。1995/96年度の油糧種子貿易は5万3000tの輸出超過であったが，翌年度からマイナスへ転じ，2008/09年度には3900万t以上の輸入超過となっている（Oil World）。大豆油と大豆粕の国内消費の急増が国内の油糧種子の生産増を大きく上回ったためである。

　1995年に大豆および大豆粕の低率関税を導入した2つ目の事情は，国内製油工場の搾油能力の限界にあった。国内の旺盛な植物油の需要増に対応できなくなり，外資導入によって搾油産業の近代化を図ることが中国にとって喫緊の課題になっていたのである。

　一方1991年に，中国政府は一部の外国企業の投資を積極的に受け入れる自由化策を打ち出していた。この最大の目玉が，外国企業に対する税制上の優遇措置である。33％という国内企業への法人税を外国企業には15％に引き下げた。

表5-5 世界の大豆輸入量の推移 (1999/00～2009/10年度)　　(単位:千t)

年度	世界計	中国	EU	日本	メキシコ	台湾
1999/00	46,284	10,106	14,786	4,907	3,848	2,318
2000/01	52,927	13,246	17,200	4,767	4,107	2,331
2001/02	53,762	10,386	18,271	5,023	4,480	2,578
2002/03	61,873	20,417	16,174	5,087	4,184	2,351
2003/04	56,052	17,932	15,381	4,689	3,821	2,218
2004/05	64,545	25,802	15,381	4,295	3,742	2,256
2005/06	65,070	28,317	14,087	3,957	3,820	2,498
2006/07	70,280	28,726	15,519	4,094	3,784	2,436
2007/08	78,960	37,815	15,209	4,014	3,711	2,148
2008/09	75,966	41,098	13,000	3,396	3,100	2,120
2009/10	77,790	41,000	12,700	3,950	3,535	2,250

資料:ISTA Mielke GmbH, *Oil World Annual* 2004年版, 2007年版, 2009年版, およびUSDA資料より作成。年度は10月から9月。2007/08年度は*Oil World Annual 2009*(2009年5月)の推計値。2008/09年度, 2009/10年度はアメリカ農務省の推計値, 予測値(USDA, *The World Agricultural Supply and Demand Estimates*, December 10, 2009)

　さらに,2002年には一部の農業関連加工分野で外国企業に対し3年間の法人税免除等の特別措置に踏み切った(24)。中国側のこうした措置にいち早く反応したのは,アメリカに拠点を置く穀物メジャーなどの多国籍企業である。1990年代後半から21世紀初めにかけて,沿海州の長江河口地域等に最新式の搾油工場が次々と建設された。なお,世界最大の搾油企業のADMをはじめカーギルやブンゲ,ドレフェスなど,1980～90年代に中国での足場をすでに築いていた穀物メジャーにとっては,中国における搾油事業の急拡大はそれほど困難な課題ではなかったものと推測される。

　穀物メジャーによる中国進出は,中国に対する大豆輸出の増大という動きと同時並行して展開された。アメリカや南米諸国に構築された集荷・輸送システムを通じて,穀物メジャー等が中国へ運び込む大豆の量は,表5-5に示されるように,劇的に増えた。2000年に1000万t台に乗った輸入量は,外資導入促進策が実施された2002年には2000万tを超え,2007/08年度には3780万tに達した。そして,2008/09年度には4110万tに増えたと推計されている(25)。これは世界の貿易量の実に54.1%に相当する。2006/07年度からの2年間で中

国の輸入シェアは41.6％から12.5ポイントも伸びたのである（USDA）。短期間のうちにこれほどの驚異的な伸びを示した記録は，農産物貿易の歴史に残っていないであろう。

　中国農業部のデータベースによると，1998〜2007年の10年間に穀物などの耕種部門の農業生産額は年率4.06％で伸びたのに対し，畜産物と魚介類（水田などでの養殖魚を含む）の生産額はそれぞれ6.02％，6.11％の伸び率を達成した。驚くべき伸び率である。そのため，2007/08年度，畜産と養殖漁業で消費された油糧種子粕などのタンパク飼料原料は5059万tに達した。世界の消費量（1億6046万t）の32％を中国1か国が占めたのである。

外資系企業の進出で疲弊する中国国内の搾油工場

　2007年から2008年にかけて続いた世界的な穀物価格の高騰は，中国にも深刻な影響を与えた。大豆も例外ではなかった。2007年夏から大豆油などの植物油の卸売価格が上がり始め，2008年7月には2倍近くに達した。2007年11月10日，重慶市内のフランス系資本のスーパー，カルフールは開店10周年記念セールで菜種油などの植物油を2割引で販売した。早朝からカルフール店に集まった市民が開店直後に売り場へ向かおうとして将棋倒しとなり，3人が死亡，30人が負傷するという惨事が起きた[26]。その後，消費者の買いだめが広がり，2008年の3月，北京オリンピック開催の半年ほど前には北京や上海などのスーパーの売り場から植物油が消え，政府が搾油工場へ緊急の出荷増を指示するほどの事態に発展した[27]。

　このような状況に危機感を強めた中国国家開発改革委員会（NDRC）は，2008年8月22日，「中国搾油産業の健全な発展と促進に関する指導通達」を発表した。中国国務院の傘下にあって中国経済政策の総合的な調整機能の役割を担う同委員会の通達には，国内大豆産業の振興と外国搾油企業の拡大抑制の考え方が示されており，外資導入促進というそれまでの方針を大きく変えるものであった。この通達によって，次のような中国政府の問題認識が明らかにされた[28]。

　○中国は1996年以降大豆の純輸入国となり，2000〜07年の間に大豆輸入量

は1042万tから3082万tへ1.95倍も増えた。この間に世界の貿易量に占める中国の輸入シェアは18.9％から40.9％へ22ポイントも増え，中国の搾油産業が輸入大豆へ依存する割合は48.1％から78.7％へ高まった。

○2000〜07年の間に搾油量は1977万tから3400万tへ年率8.1％で増えたが，大規模な搾油企業による市場の支配が進んでいる。10大企業の搾油能力が国内の搾油能力全体に占める割合は35.4％から57.5％に達した。

○全国の搾油能力が過剰に拡大している。そのため，搾油工場の稼働率は2000年の90％以上から2007年には逆に44.2％へ半減した。1日当たり2000t以上の搾油工場の稼働率はまだ52％で踏みとどまっているが，1000t以下の中小の国内工場では半分以上が搾油を停止するか，倒産に追い込まれている。

○国内工場の搾油能力と稼働率が著しく低下した。2007年，国内工場の搾油能力は4920万tに達したが，外資系工場も含めた全国の生産能力に占める割合は63.9％にすぎない。2000年における90.3％を大幅に下回っている。しかも国内工場で実際に搾油されている油の量は1768万tであり，全国の搾油総量に占める国内工場のシェアは2000年の91％から52％にまで落ちた。こうした急激な落ち込みの背景には，中小の国内工場が生産から加工，販売に至る全国的なネットワークを整備していないという実態がある。このような状況のなかで，搾油総量に占める外資系工場の割合が9％から48％へ増大したのである。

○一方2004〜06年の間に，国内の大豆生産は，他の穀物に比べて収益性が低下したため，1740万tから1500万tに減少した。今後大豆の生産奨励策を実施することで作付面積と単収は安定的に伸びていく。ただし大幅な増産を望むことはできない。2010年には1700万t，2012年には1796万t，2015年には1950万tの水準が予測される。

○そのため，不足分を輸入する必要がある。しかし，世界の大豆需要は急激に増え，需給関係が劇的に変化する可能性がある。中国はより高い市場リスクに直面しかねない。日量1000t以下の中小工場は，倒産あるいは統合せざるを得なくなるだろう。なお，全国の搾油能力が過剰に増大しているにもかかわ

らず，一部の国内企業は大規模な新工場の建設を計画している。

このような問題認識を踏まえ，中国国家開発改革委員会（NDRC）は国内の搾油産業の健全な発展方向についての考え方を示した。その主なポイントは，次の5点にある。

①国内の大豆および菜種，落花生など，他の油糧種子の生産を増大させる。国内の搾油企業は大豆以外の国産油糧種子の搾油を増やし，輸入大豆への依存度を下げなければならない。

②大豆の搾油能力の盲目的な拡大を阻止し，適切な範囲内に管理する。全国の搾油能力を2010年まで7500万tの範囲内に維持し，2012年までに6500万tへ抑制する。

③搾油産業の構造調整と近代化，技術革新を促進する。中小企業の統合・再編を進め，特に2000t以上の国内工場の統合等を通じて搾油産業全体の加工能力と競争力を高める。

④外国企業による国内企業の合併・組織再編に対しては，国内の関係法を厳格に適用する。

⑤大豆生産地または大市場の近くに搾油工場を建設し，輸送システムの効率化を図る方向で，将来の大豆産業の地理的，構造的な再配置を進める。特に，東北部や内モンゴル地区の中小工場の統合・再編を促進する。

NDRCはこのような方針を明らかにしたが，その後2009年10月末現在，穀物メジャー系の搾油企業に対して事業拡大を制限するような措置が実施されたとは伝えられていない。また，アメリカ政府や関係団体もNDRCの通達に特段の反応を公には示していない。中国政府の出方を注視しているものと推測される。なおアメリカ農務省は，在中国アメリカ大使館からの現地報告[29]を通じ，「（NDRCが提示した具体的な政策は）いまだ実施されていないが，油糧種子部門における中国政府の今後の施策について検証し，WTOの市場アクセスと内国民待遇の義務規定に反するのかどうかを研究していく必要がある」とのメッセージを内外へ公表するにとどまっている。

また，中国の大豆輸入という実際のビジネスにも変化は出ていない。2009/

10年度の輸入量は前年度比約10万t減の4100万tと予測されており[30]、世界の大豆輸入量に占める中国のシェアは52.7％に及ぶ。2年連続で50％を超えた。1つの作物の国際市場の半分以上を1か国が買い占めるという異常な事態は、今後も続くと予測される（p.162 表5-5 参照）。

穀物メジャーの戦略を決める中国の消費動向

2008年の大豆油の価格高騰を契機に、中国政府が穀物メジャー系の搾油企業の急速な事業拡大に懸念を抱き始めたのは事実である。しかし、WTO加盟国として外資系企業を差別するような政策をとることはできない。今後は、国内の中小工場の再編強化を政府の主導で促進できるのか、あるいは、穀物メジャーによる国内工場の買収・統合が進み、外国資本による搾油産業の寡占化が強まるのか、が注目される。2001～04年の間に中国の搾油能力は全体で4500万tから6000万tへ拡大し、NDRCの資料によるとすでに7700万tを超えている。このうち実際には80％近くが穀物メジャー系の外資企業によって握られ、主要な中国企業の97社のうち、64社が外資系に統合されているとの情報もある[31]。

また、7700万tの搾油能力と実際の搾油量の約6700万tには1000万tの差がある。穀物メジャーは中国の需要がさらに伸びると予測しているのか、あるいは近い将来、日本や韓国、シンガポール、インドなどアジア市場の拡大をにらんで、大豆油の加工・供給基地としての中国へ「過剰な」先行投資をしているのか、現時点では明確でない。その両方が狙われているのかもしれないが、穀物メジャーの中国・アジア戦略の今後の展開は、ひとえに中国人の消費動向にかかってくると考える。

国連食糧農業機関（FAO）のデータベース（FAOSTAT）によると、1996年から2005年までの10年間に、中国人1人当たりの食肉・魚介類の年間供給量は（カッコ内は先進国の平均）、牛肉が2.9 kg（23.4 kg）から4.4 kg（22.3 kg）へ、豚肉が26.4 kg（27.7 kg）から35.2 kg（28.0 kg）へ、鶏肉が7.3 kg（21.4 kg）から10.9 kg（27.1 kg）へ、魚介類（淡水魚介含む）が12.2 kg（3.7 kg）から12.3 kg（4.2 kg）へそれぞれ伸びた。また、2003/04～2007/08年度の5年間

に，1人当たりの年間植物油消費量は 15.1 kg から 18.9 kg へ増えている（Oil World のデータより筆者が試算）。

　一方，大豆粕の消費も劇的に伸びた。1980 年代初めまで，中国の養豚と養鶏のほとんどが小規模農家による庭先飼育であった。「豚用の餌の 95％が水草やイモ類，残飯などであったが，1990 年代に入って養豚・養鶏の規模が拡大し始め，現在ではその割合が 80％を切る水準になっている」[(32)]。配合飼料が占める割合はいまだ 20％ほどだが，1990～2003 年の間に飼料用大豆粕の消費量は 103 万 t から 1960 万 t へ，年率 25％という驚異的な伸び率を示したのである。

　今後の経済成長と食生活の変化のスピード，少子・高齢化など，さまざまな要因が食肉や植物油等の消費動向へ複雑に影響していくことになるが，油の消費がさらに伸びる可能性は大きい。例えば 2007/08 年度における中国人 1 人当たりの植物油の消費量 18.9 kg は，日本人の 19.4 kg や韓国人の 18.9 kg と同水準に達してきたが，香港の 40.6 kg や台湾の 27.1 kg に比べるとまだ大きな差がある。アメリカ農務省は所得増が食の高度化に及ぼす影響に注目し，中国やタイなど中所得国の国民は所得の増加分のより多くを食の高度化へ支出するとみている。「アメリカでは所得が 10％増えると食肉購入の支出は 1％増えると推計されているが，中所得国では 7％増える」[(33)] と，アメリカ農務省は期待する。

　中国では，州や地方によって多様な食文化，料理の伝統が育まれてきたといわれるが，ほとんどの料理で植物油が使われる。中国の漢字からもそれをうかがうことができる。例えば，「煎」は「油で焦げ目がつくほどにじっくり煮つめる」ことであり，「炒」は「油でいためる」，「烹」は「油でいためた後に調味料等を入れる」ことを意味するといわれる。油は料理に濃厚な味をつけるだけでなく，素材の味わいを深める作用があるともいわれる。また，生野菜を食べない習慣が長く続いていた中国には，「肉料理よりも野菜料理のほうが油を多く使う」という言い方があると聞く。今後，都市部を中心に中国人がファースト・フードや揚げ物，炒め物の惣菜の消費を増やし，農村部でも都市部と同

様に米や小麦粉食品の消費を減らして炒め物などの惣菜の消費を増やしていくと想定するなら，当分の間，大豆油と大豆粕の両方とも国内需要は引き続き拡大していく。2008年9月のリーマンショック以降，中国経済が予想以上に堅調な回復・発展を維持している実態を踏まえるなら，この可能性が非常に高いと考えられる。

中国が世界の大豆の半分以上を買い占めるような状況が今後も続くのであれば，干ばつ等による一部輸出国の凶作が国際価格の暴騰を引き起こす可能性は高まるとみておかなければならない。日本の大豆輸入量は400万t前後でほぼ安定してきた。かつては世界最大の輸入国といわれた時代もあったが，過去10年間に日本の輸入シェアは11％から5％弱に落ち込んだ。日本の食文化を歴史的に支えてきた大豆という食材を十分に確保できない事態が起こり，サラダ油（大豆油や菜種油などの混合油）やごま油などの植物油全体が大幅に高騰して，食生活の変更を余儀なくされる—そうした可能性も否定できないような市場環境が，すでに到来しているのである。

6. 人口大国の消費動向も重要なカギに

BRICsとNEXT11——人口大国のほとんどが食料輸入大国

食料の世界市場において，今後の大型プレイヤーは中国だけではない。「BRICs」と称される新興国に中国は含まれるが，ブラジル，ロシア，インド，中国という新興4か国全体の食料消費と輸入の動向が重い意味をもってくる。ブラジルの農産物の輸出増や中国の大豆輸入増，ロシアの食肉輸入増などにみられるように，農産物貿易にBRICsは大きな影響を与えてきた。これら4か国の総人口は実に28億人を超え，世界人口の42％に達している。

人口大国はこれら4か国にとどまらない。BRICsという新語を世に出したゴールドマンサックスは，2005年，「NEXT11」と新たに称した11の開発途上国が近い将来BRICsの後に続いて新たな成長のステージへ乗ると予測した。バングラデシュ，エジプト，インドネシア，イラン，韓国，メキシコ，ナイ

表5-6 BRICsとNEXT11の穀物等の輸入増　　（単位：千t，カッコ内は%）

	年間平均	BRICs	NEXT11	世界計
大豆　輸入	1994〜96年	4,070（12.7）	5,080（15.9）	31,936
	2004〜06年	27,586（43.2）	8,692（13.6）	63,913
穀物　輸入	1994〜96年	34,164（14.3）	52,330（21.9）	239,389
	2004〜06年	24,475（ 8.6）	60,758（21.4）	283,859
食肉　輸入	1994〜96年	2,246（14.6）	1,004（ 6.5）	15,381
	2004〜06年	3,270（11.8）	2,346（ 8.5）	27,656

資料：国連食糧農業機関（FAO）のデータベース（FAOSTAT）より作成。
注1：数値は3年間の平均値。食肉は牛肉・豚肉・鶏肉の合計値。カッコ内は世界計に占める割合を示す。
　2：BRICsはブラジル，ロシア，インド，中国，NEXT11はバングラデシュ，エジプト，インドネシア，イラン，韓国，メキシコ，ナイジェリア，パキスタン，フィリピン，トルコ，およびベトナムの11か国を示す。

ジェリア，パキスタン，フィリピン，トルコ，およびベトナムの11か国はいずれも人口大国である。仮に2008年の金融危機を克服し，NEXT11が予測された成長軌道へ戻るとするなら，世界の食料需給には予想を超える変化が起きると思われる。例えば，NEXT11は，タイに次いで世界第2位の米輸出国のベトナムを除き，農畜産物の大輸入国へすでに転落している。2007年度，韓国はトウモロコシ880万t，小麦300万t，牛肉32万tを輸入し，メキシコはトウモロコシ1000万t，小麦360万t，大豆400万tを，エジプトはトウモロコシ450万t，小麦680万tを，インドネシアは小麦530万t，米160万tを，フィリピンは米180万t，小麦250万tを輸入し，その後も輸入量は増えている。なかでも韓国とメキシコの穀物輸入量は，日本とほとんど同じ水準にまで増えている。

　表5-6は，BRICsとNEXT11の大豆，穀物，食肉の輸入量の伸びを示している。1994〜96年の年間平均と2004〜06年の同平均を比較すると，ロシアの輸入減が影響したBRICsの穀物輸入以外は，大幅に増えていることがわかる。「2050年1人当たりGDPで世界第1位は中国。これにアメリカ，インド，日本，ブラジル，メキシコが続き，11〜13位のインドネシア，ナイジェリア，韓国は，イタリア，カナダ，ベトナム，トルコを抜く」[34]としたゴールドマンサッ

クスの予測が部分的にでも的中するなら，人口大国による食料輸入の集中化と地球上の食料消費の偏在化が，現状では予想できないほどの水準に及ぶと思われる。

大豆市場に与える人口大国の影響

人口大国が今後の世界の農産物市場へ与える影響を考える場合，最も顕著な形で影響が現われると予想されるのが大豆の市場である。表5-7はBRICs4か国の大豆および大豆製品の消費と貿易の実態を示し，表5-8はNEXT11の実態を整理している（なお，NEXT11では食文化の違いによって大豆油と非大豆油の消費量に大きな差があるため，大豆油を含めた植物油全体でみている）。

BRICs4か国の人口（28億5520万人）が世界人口に占める割合は41.8％（2009年国連推計）に及ぶが，4か国の大豆搾油量および大豆油の消費量の占める割合（46.2％，41.3％）はこの人口比率にほぼ相当する（表5-7参照）。所得増に伴って大豆油の消費が増えるという世界的な傾向を踏まえるなら，4か国の大豆油消費は最低でも今後の人口増に比例して増え続けることが十分に予想される。一方，BRICs4か国の大豆粕消費が世界の消費量に占める割合は28.4％と，人口の割合に比べ10ポイント以上も低い。中国だけでなく，ブラジル，

表5-7 BRICsの大豆・大豆製品の需給実態（2007/08年度） （単位：千t）

	大豆		大豆油		大豆粕		油脂消費
	搾油量	貿易	国内消費	貿易	国内消費	貿易	(kg/年)
ブラジル	34,835	+25,364	4,043	+2,389	12,290	+12,037	32.1
ロシア	909	-283	210	-84	1,500	-846	26.3
インド	9,612	0	2,326	-755	1,844	+5,330	12.6
中国	48,177	-34,668	9,258	-2,727	29,923	+594	22.3
計（A）	93,533	-9,587	15,837	-1,177	45,557	+17,115	23.3
世界計（B）	202,245	-73,060	38,358	-11,200	160,464	+56,360	23.5
A/B（％）	46.2	13.1	41.3	10.5	28.4	30.4	(99％)

資料：ISTA Mielke GmbH, *Oil World Annual 2009* より作成。
注：貿易の＋は輸出量，－は輸入量を示す。油脂消費は1人当たり年間の消費量を示し，油脂消費の計（A）と世界計（B）はそれぞれ平均値を示す。

表5-8 NEXT11の油糧種子・製品の需給実態（2007/08年度）　　（単位：千t）

	油糧種子		植物油		油糧種子粕		油脂消費
	搾油量	貿易	国内消費	貿易	国内消費	貿易	(kg/年)
バングラデシュ	549	-297	1,384	-1,121	599	-226	8.7
エジプト	1,634	-1,219	1,548	-1,272	1,603	-409	19.0
インドネシア	6,045	-1,358	5,164	+16,249	3,314	-2,868	22.7
イラン	1,794	-1,060	1,649	-1,268	2,493	-1,266	22.5
韓国	1,086	-1,431	1,154	-778	5,147	-4,026	24.0
メキシコ	5,345	-5,397	2,833	-1,233	5,857	-1,843	26.1
ナイジェリア	1,742	+122	1,996	-599	994	+66	13.2
パキスタン	4,761	-623	3,592	-1,995	2,603	-277	20.3
フィリピン	2,100	-194	754	-244	2,148	-1,885	8.3
トルコ	3,154	-2,178	2,181	-1,236	3,176	-1,162	29.5
ベトナム	507	-101	883	-598	3,258	-2,891	10.1
計（A）	28,717	-13,736	23,138	+5,905	31,192	-16,787	18.6
世界計（B）	342,356	-93,582	158,375	-60,944	262,829	-77,315	23.5
A/B（％）	8.4	14.7	14.6	9.7	11.9	21.7	(79％)

資料：ISTA Mielke GmbH, *Oil World Annual 2009* より作成。
注：貿易の＋は輸出量，－は輸入量を示す。植物油の国内消費はバター・ラードを含む。
　　油脂消費は1人当たり年間消費量を示し，油脂消費の計（A）と世界計（B）はそれぞれ平均値を示す。

インド，ロシアの3か国でも養鶏などの畜産がさらに発展することになれば，BRICsによる大豆粕の貿易が近い将来に入超へ転じる可能性は高いと考えられる。

2003/04～2008/09年度の間にブラジル，インド，ロシアの3か国では国内の食肉生産（牛肉等の赤身肉および鶏肉）が，それぞれ20.8％，19.7％，27.3％も増えた。特にブラジルは牛肉・仔牛肉と鶏肉の世界最大の輸出国であり，タンパク飼料原料（油糧種子粕）の生産に占める国内消費の割合はこの6年間に39.5％から54.5％へ高まった（Oil World）。ブラジルの大豆産業にとって国内の畜産向けに大豆粕を供給するほうが大豆の穀粒を輸出するより収益が高くなるなら，国内供給の割合は高まり，世界の大豆需給はさらに逼迫しかねないのである。

次にNEXT11の油糧種子・製品の需給実態を示す表5-8をみると，世界第

2位のパーム油の生産国であるインドネシアを除き，NEXT11のほとんどの国では，油糧種子の消費と貿易の実態に次のようなほぼ共通した傾向がみられる。

○輸入原料に大きく依存する国内の搾油産業が生産を伸ばしているが，植物油の国内消費分を満たすことができず，輸入を徐々に増やしている。

○油糧種子粕の貿易では，ナイジェリアを除く10か国が合わせて1680万tを輸入している。多くの国が国内の畜産振興に力を入れながらも，タンパク飼料原料の供給ではほとんど輸入に依存せざるを得ない状況にある。この輸入量はすでに世界全体の21.7％に及んでいる。

NEXT11の諸国も，EUや中国と同様に，国内で飼料原料を十分に確保できないなかで畜産振興へ取り組んでいる。飼料原料の国内供給はそもそも困難な国が多い。そのため，これらの諸国において食のグローバル化，食の高度化がさらに進むのであれば，世界の油糧種子と同製品の需給に大きな影響を与えていくのは確実である。特に，人口大国のイラン（人口7420万人），メキシコ（1億960万人），トルコ（7480万人）は油糧種子，植物油，油糧種子粕のいずれにおいても100万tを超える大輸入国であり，今後の消費動向が注目される。

経済成長で急激に増える砂糖の消費

砂糖の市場でも変化が起きている。砂糖は主にサトウキビとテンサイ（シュガービート）から製造されるが，世界各国の消費水準には格差がある。2003年，年間1人当たりの砂糖（精糖）の消費量は，先進国の平均40kgに対し開発途上国は16kgである。BRICsの4か国の間にも大きな格差がある。ブラジルとロシアではそれぞれ49kg，40kgという高い水準にあるが，インドは16kg，中国は6kgしかない（FAOSTAT）。NEXT11の諸国にも差はあるが，特に過去20年ほどの間に消費量が急速に増えてきた。韓国，パキスタン，ベトナムにおいて，その傾向が著しい。日本や北欧諸国などの高所得国では消費量が高位安定または減少傾向にあることからも，砂糖の消費量は，植物油と同様，経済成長と人口増に大きくかかわってくるのは明らかである。

人口13億人を超える中国では，1993～2003年の間に年間1人当たりの砂糖消費量が4kgから6kgへ増えたにすぎない。開発途上国（16kg）の平均の

40%にも達していないのである。中国は砂糖の国内生産を増やしているが、消費増に追いつけず毎年100万t前後を輸入してきた。このため、中国ではサッカリン（砂糖の500倍以上の甘味を有する人口甘味料）がいまだに販売されている。多くの先進国では、発がん性の疑いでサッカリンの使用が1960年代から禁止、あるいは制限されてきたが、中国政府は2002年から販売の規制に乗り出した。しかし、安価なサッカリンへの需要は根強く、現在でも約3000tが国内へ供給され、1万5000tがインドやアフリカ諸国等へ輸出されている[35]。

開発途上国を中心に世界の砂糖消費はさらに増えていく。しかし供給側には制約がある。ブラジルやインド、オーストラリアなど輸出国は限られており、サトウキビの単収は過去10年間ほとんど伸びず、生産は微増で収穫面積も大幅には増えていない。一方、ヨーロッパではテンサイの収益性が低下し、バイオ燃料用の菜種等への転作が図られている。EUも砂糖の大輸入圏へ転じ、アメリカも輸入を増やす傾向にある。日本の砂糖生産は沖縄のサトウキビと北海道のテンサイに依存しているが、約95万tの国内生産は低位安定の状態にあり、消費量の約60%は輸入である。世界市場の40%以上のシェアを有するブラジルに砂糖の供給を依存する人口大国がますます増えてきた。にもかかわらず、そのブラジルでは原料のサトウキビの半分以上がエタノール生産に仕向けられ、国内の砂糖消費量（精糖）は1984～2003年の間に740万tから890万tへ20%以上も増えている。窮屈な市場がさらに窮屈になるのである。

7. 強まる作物連鎖——穀物と大豆の作付け競争

穀物と大豆増産に"市場の力"が働かない背景

すでにみてきたように、中国、インドなどのBRICsのみならず、それに続くNEXT11の人口大国では、穀物や食肉、植物油、砂糖などほとんどすべての食料の消費が増えている。果たしてアメリカやブラジル、アルゼンチン、カナダなど新大陸を中心にした農産物輸出国は、これらの人口大国と多くの食料

表5-9 世界の油糧種子と大豆の収穫面積・単収

(単位：収穫面積百万ha，単収t/ha)

	2004/05	2005/06	2006/07	2007/08	2008/09
世界の油糧種子の収穫面積	209.44	210.91	211.03	205.81	214.05
世界の大豆の収穫面積	93.18	92.24	94.24	90.72	96.18
世界の大豆の平均単収	1.82	1.86	1.92	1.90	1.84
大豆の3大輸出国の収穫面積	67.13	64.26	67.19	63.86	67.82
アメリカ	29.93	28.83	30.19	25.96	30.22
ブラジル	22.80	22.23	20.70	21.30	21.60
アルゼンチン	14.40	15.20	16.30	16.60	16.00
大豆の3大輸出国の単収(平均)	2.62	2.71	2.91	2.82	2.44
アメリカ	2.84	2.90	2.88	2.81	2.67
ブラジル	2.32	2.56	2.85	2.86	2.64
アルゼンチン	2.71	2.66	2.99	2.78	2.00

資料：USDA, *World Oilseeds and Products Supply and Distribution*, October 9, 2009 より作成。
注：世界の油糧種子は，大豆，菜種，ひまわり種など7種類の主要な油糧種子を示す。

不足国の輸入需要へ応えていくことができるのだろうか。

　大豆などの油糧種子の市場では，中国の輸入急増とバイオディーゼルの原料供給増という2つの重い負荷が強いられることとなる。世界の油糧種子の生産は2004/05～2008/09年度の間に年率0.85％で増えたが，消費はそれを大きく上回る2.41％で増え，2008/09年度の期末在庫率は15.8％に低下している。

　表5-9は，2004/05～2008/09年度における世界の油糧種子と大豆の収穫面積・単収，および3大輸出国（アメリカ，ブラジル，アルゼンチン）の収穫面積・単収を示している。2007年から2008年春にかけて大豆価格は史上最高水準に高騰したが，「価格が高騰すれば生産は増える」と従来よくいわれる"市場の力"は，この穀物高騰へどのように働いたのだろうか。

　実際の収穫面積の推移をみると，"市場の力"は著しい結果を出していない。大豆の3大輸出国では確かに収穫面積は増えた（表5-9参照）。しかし，2年連続，3年連続の増産という流れにはなっていない。大豆とトウモロコシの価格がともに高騰した2007/08年度の前後の4年間（2005/06～2008/09年度）におけるアメリカの生産量をみても，両作物ともそれぞれ年ごとに増減を繰り

表 5-10 世界的な穀物価格高騰時におけるアメリカ, ブラジル, アルゼンチンの穀物・大豆の収穫面積 (3 か国計) の推移

(単位:千 ha)

	1972 年	1973 年	1974 年	1975 年
麦類	38,003	39,464	42,886	46,550
粗粒穀物	55,823	59,626	58,971	60,335
大豆	20,747	26,299	25,954	27,878
計	114,573 (100)	125,389 (109)	127,811 (116)	134,763 (118)
	1995 年	1996 年	1997 年	1998 年
麦類	35,225	39,109	37,501	35,283
粗粒穀物	51,779	54,495	55,157	52,247
大豆	42,515	41,841	45,848	48,765
計	129,519 (100)	135,445 (105)	138,506 (107)	136,295 (105)
	2006 年	2007 年	2008 年	2009 年
麦類	28,925	31,388	31,619	32,180
粗粒穀物	50,154	59,135	60,610	55,820
大豆	67,368	62,506	63,859	67,522
計	146,447 (100)	153,029 (104)	156,088 (107)	155,522 (106)

資料:1972〜75 年, 1995〜98 年および 2006〜07 年は FAOSTAT より, 2008〜09 年は USDA 資料より作成。
注:スミをかけた年に価格が著しく高騰した。2009 年は推計値。麦類は小麦, 大麦, ライ麦, オート麦の合計, 粗粒穀物はトウモロコシなどの飼料穀物の合計を示す。またカッコ内の数値は, 価格が高騰した年の前年の収穫面積を 100 とした場合の比率を表す。

返し,両方がともに増産へ転じた年はなかった。

1973〜74 年の穀物ブーム,1995 年のアメリカ等の世界的な異常気象による不作,および直近の 2007〜08 年の穀物危機では,穀物と大豆の国際価格がほぼ同時に高騰した。価格高騰に対して現場の農家がどれだけ強く反応したかを収穫面積の推移によって検証するため,表 5-10 に,これら 3 回の価格高騰時にアメリカ,ブラジル,アルゼンチンの 3 か国が穀物と大豆の収穫面積をどれだけ増やしたのかを整理した。3 回の高騰時のなかで,農家が市場価格に最も強く反応し増産に取り組んだのは,1970 年代前半の穀物ブームの時期であった。

価格が高騰した年の前年の収穫面積を100とすると，3か国の麦類・粗粒穀物・大豆の総収穫面積は116〜118へ増えた。しかし，1995年と2007〜2008年の価格高騰時にはこれらの総収穫面積が最高でも107にまでにしか増えていない。特に2007年から08年にかけては，穀物・大豆価格が軒並み史上最高水準へ高騰したにもかかわらず，総収穫面積は1億5303万haから1億5609万haへ2.0%しか増えなかったのである。

この背景には，①トウモロコシと大豆の輪作体系を維持するには両作物の生産を同時に増やすのが困難であるなど，生産現場に技術的な制約があること，②生産過剰による価格下落を避けようとする生産者側の思惑が働いたこと，③インターネット等によって輸出競争国の作付動向を踏まえて自らの作付計画を立てる傾向が強まったこと，④特定の作物の作付けを大幅に増やせるほど耕地面積に余裕がなくなってきたこと，など複数の事情が影響したためと考えられる。

大幅増産の抑制要因——輪作体系，輸出国間の牽制，耕地制約

アメリカの穀物・大豆生産農家が2007〜08年の価格高騰時に大幅な増産へシフトしなかった1つの事情は，トウモロコシと大豆，小麦を中心に続けられてきた輪作体系にあった。作物の連作障害を防ぎ，次の年の肥料・農薬の投入量を抑えるために，植えつける作物をほぼ1年ごとに切り替えるという営農技術である。このため，トウモロコシの収益増が続くと予測されたとしても，農家は同じ農地でトウモロコシを毎年生産することがないため，トウモロコシの生産量が大幅に増え続けることは期待できないのである。

アメリカ農務省の調査（1997年）によると[36]，全米の耕地1億9800万エーカーの82%で輪作が行われ，降雨量が少ない州ほど輪作体系の普及率が高い。作物別の輪作実施率は小麦が75%，トウモロコシ85%，大豆92%，綿花60%と，非常に高い率で実施されている。なお，最も一般的な輪作の組合せは「トウモロコシ→大豆→トウモロコシ」で，このほか「トウモロコシ→綿花」「トウモロコシ→大豆→小麦」「トウモロコシ→大豆→大豆」など，地域の土壌，気象，開拓以来の営農技術の継承等の事情によって，それぞれ多様な輪作体系が堅持

されてきた。

　一方，アメリカとブラジルなどの輸出競争国の間では，増産による価格下落を回避しようとする農家の相互牽制の動きが出てくる。2006～08年の3年間における小麦・トウモロコシ・大豆の作付面積をみると，アメリカではほぼ1年ごとに増減し，ブラジルやアルゼンチンなどの輸出国でも大豆以外は同様の傾向を示した。作付時期が約半年ずれる北半球と南半球の農家は，インターネットや農業団体等の情報を通じて競争相手国の価格動向や作付情報を確認し，過剰生産による価格暴落を回避しようとしているのである。

　2007年5月，ブラジルにあるアメリカ大使館の農務官が「アメリカの大豆作付け減にブラジルの農家が注目している。秋の大豆作付けは5％増えるだろう」[37] と報告した。競争国間の相互牽制が輸出国全体の生産量に影響を与えているのである。インターネットもファックスもなかった1970年代では，国際的な需給情報も十分に整備されていなかった。そのため，「穀物ブーム」の長期化を期待して多くの輸出国が増産に走り，深刻な価格低迷から長期に抜け出せなくなったのである。情報システムのグローバル化が進んだ21世紀においては，輸出国間の相互牽制が穀物価格の高止まりの1つの要因になりかねないのである。

　また，大幅な増産を抑制した耕地面積の制約という実態に注目する必要がある。1970年代の穀物ブームの際には，アメリカは20％以上の休耕地を有しており，ブラジル，アルゼンチン等の南米農業国では放牧地を小麦畑や大豆畑等へ転換して，大幅な増産に取り組むことが可能であった。しかし，現在では新たな耕地開発が容易ではない。地球環境の保護という課題に加え，大量の穀物や大豆の生産・集荷・販売というシステムを未開の大地に構築するには莫大なコストが必要となる。開発可能地が河川流通ルートや港湾施設から遠隔地であればあるほど，そのコストはかさむ。FAOSTATによると，2003～07年の間に世界の耕地面積（永年作物を除く）は，14億260万haから14億1112万haへ0.6％しか増えていない。この数値は，新たな耕地開発がより困難になってきた実態を裏づけている。

作物間の作付け競争を激化させるバイオ燃料用の原料生産

　こうしたなかで，バイオ燃料の生産が増え続けている。EU 委員会は「域内燃料消費量の最低 10% をバイオ燃料とする」ために，菜種などの原料生産に 2020 年の段階で 1750 万 ha の耕地が必要になると予測する。これは域内の耕地面積（1 億 1380 ha）の 15.4% にも相当する[38]。2006 年にバイオ燃料の原料生産に使用された 310 万 ha（3%）の耕地の 5.6 倍である。アメリカもバイオ燃料の供給目標を実現するには，2015 年までにバイオエタノールの供給量を 150 億ガロンにまで増やし，これを 2022 年まで維持しなければならない。この 150 億ガロンは 2008 年の 1.7 倍にも相当する量である。

　アメリカも EU もバイオ燃料生産の目標を計画どおり達成するためには，食料由来のバイオ燃料の生産を引き続き増やしていかなければならない。しかも，ブラジルやアメリカではバイオ燃料が輸出商品になり始めており，コロンビアなど一部の南米諸国では「燃料生産農業」を国家的プロジェクトに立ち上げて外貨を稼ごうとする動きも出てきている。バイオ燃料が，それほど遠くない将来に重要な貿易商品の 1 つになるのは間違いないだろう。バイオ燃料の国際価格の動向次第では，「食料を犠牲にした燃料生産農業」がさらに多くの開発途上国で展開される可能性も否定できない。

　こうしたなかで，近年，アメリカ農務省等の資料に「作物作付面積の競争」という表現がしばしば見かけられるようになった。例えば，同省の世界農業観測ボードのバンゲ理事長は「長期的には（稲わらや木くずなど植物繊維を中心とする）セルロース系のエタノール販売の事業化が現在のような穀物価格の高騰圧力を弱めることになるかもしれないが，作物作付面積の競争はすべての（穀物や油糧種子の）価格を引き上げる要因になるだろう」[39] と述べている。

　作付け競争という作物連鎖は次々に広がってきた。アメリカではバイオエタノール原料のトウモロコシの作付けが増えれば大豆が減り，小麦や綿花，テンサイの作付面積にも影響が出る。バイオディーゼルの生産が増えれば，原料の大豆油が高騰し，トウモロコシ等の作付けに影響を与える。ブラジルでは，バイオエタノール用のサトウキビの生産が増えれば小麦の作付けが減る。すでに

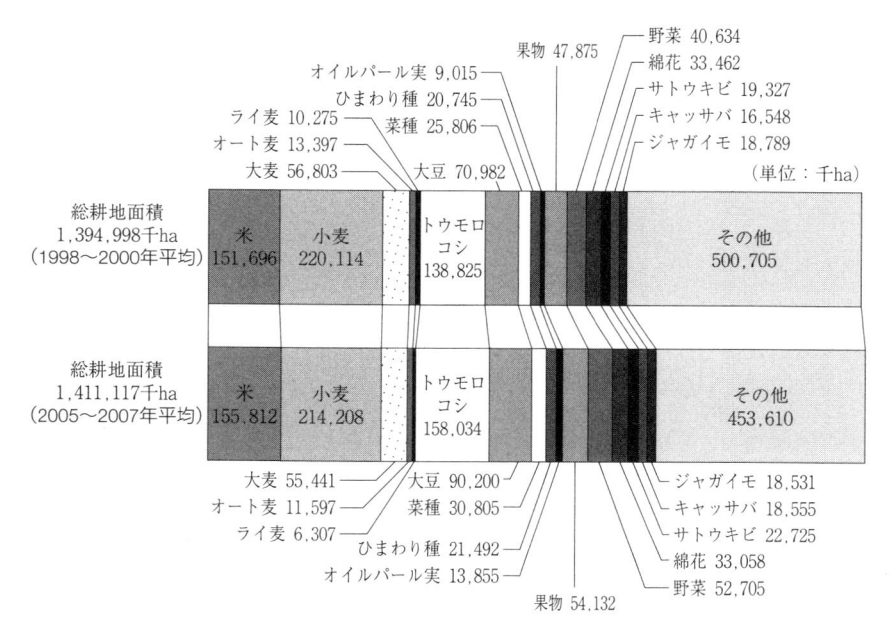

図5-7 世界の主要作物の収穫面積（1998～2000年平均と2005～07年平均の比較）
資料：国連食糧農業機関（FAO）のデータベース（FAOSTAT）より作成。

ブラジルは世界第2位の小麦輸入国へ転落している（2007/08年度，USDA）。これと同時に砂糖用のサトウキビ供給が減って，砂糖の国際価格を押し上げる要因となる。ブラジルやアルゼンチンで大豆油を原料とするバイオディーゼルの生産が今後本格的に増大すれば，内需用の大豆供給が増え，国際市場を逼迫化させる。一方EUでは，バイオディーゼル用の菜種が増えれば，小麦やテンサイの生産が減り，バイオ燃料の原料不足が拡大すれば，大豆油やバイオディーゼルそのものの輸入が拡大する。

　窮屈な世界の作物生産の枠のなかへ，「燃料生産農業」が大規模に入り込んできた。1つの作物の需給動向の変化が，他の多くの作物の作付面積と価格へ影響する。図5-7は，主要作物の収穫面積の1998～2000年における年間平均と2005～2007年の平均とを比較している。トウモロコシ，大豆，および米の面積が増えているが，一方では小麦や大麦，綿花が減り，さらに総面積が微増

のなかで「その他」の作物が10%近く減少している。この図は限られた耕地面積のなかで一部の作物の生産を増やせば，他の作物は減ってくることを如実に示している。こうした「作物連鎖」現象は，今後ますます強まると考えておかなければならない。バイオ燃料用の原料増大という新しい負荷が世界の農地へかけられている。同時に，人びとの食生活の高度化は植物油の消費を急速に拡大してきた。

　バイオ燃料という「油」と大豆「油」の2つの「油」が世界の農業と食料供給を劇的に変え始めている。世界の農耕地がますます窮屈な状態になるなかで，1つの作物の凶作が他の多くの農畜産物の国際価格を高騰させるという作物連鎖の可能性は，「燃料生産農業」が伸びればのびるほど強まっていく。穀物メジャーなどの多国籍企業にとっては，まさに収益拡大の機会がいっそう増えるという流れである。食のグローバル化に対して消費者サイドの行動に大きな変化が起きない限り，この流れは当分の間，止められないし，さらに早まるかもしれない。

注と引用・参考文献

(1) Josette Sheeran, Executive Director, UN World Food Programme (WFP), *The New Face of Hunger*, April 18, 2008, p.4
(http://documents.wfp.org/stellent/groups/public/documents/newsroom/wfp177149.pdf)

(2) FAO, *The State of Food and Agriculture 2008 Biofuels: Prospects, Risks, and Opportunities*, October 2008, p.16

(3) USDA, GAIN Report, *Brazil Sugar Annual 2009*, April 30, 2009, p.6

(4) 同上 (3) の p.6

(5) 同上 (3) の p.6

(6) Angelo Bressan, Brazil Ministry of Agriculture, Livestock and Food Supply, *Brazilian Production of Biofuels*, USDA Outlook Forum 2007, March 2, 2007, p.18

(7) 同上 (6) の p.18

(8) OECD-FAO, *Agricultural Outlook 2009-2018 Highlights*, June 2009, p.19

(9) USDA, *Feed Outlook*, November 14, 2007, p.11, および USDA, *Feed Outlook*, November

10, 2009, p.14 を参考にした。
(10) 1ブッシェルのトウモロコシからエタノール 2.8 ガロン，DDGs 17.5 ポンドが生産される（USDA, ERS Report, *Ethanol Co-Product Use in U.S. Cattle Feeding*, April 2009, p.2）。
(11) 同上（10）の p.8
(12) 同上（10）の p.12
(13) 同上（10）の p.9，および USDA, *Grain Transportation Report*, May 22, 2008 を参考とした。
(14) 前掲（8）の Statistical Tables 11
(15) European Commission Web Site, *Bioenergy* を参考とした。
(http://ec.europa.eu/agriculture/bioenergy/index_en.htm)
(16) Commission of European Communities, *Renewable Energy Road Map : Renewable Energies in the 21st Century*, January 10, 2007, p.6
(17) European Biodiesel Board Web Site の情報を参考とした。
(http://www.ebb-eu.org/stats)
(18) EU における BSE（牛海綿状脳症）汚染牛頭数は 2001 年の 2167 頭から 2007 年の 174 頭へ減少している（EU Directorate-General for Health & Consumers, *Report on the monitoring and testing of ruminants for the presence of transmissible spongiform encephalopathies in the EU in 2007*, February 16, 2009, p.4）。
(19) EU Commission, *Official Journal of the European Union*, March 12, 2009, European Biodiesel Board, Press Release, July 15, 2009 を参考とした。
(European Biodiesel Board, http://www.ebb-eu.org)
(20) USDA, GAIN Report, *Brazil Bio-Fuels Annual-Ethanol 2008*, July 22, 2008, p.3
(21) USDA, GAIN Report, *Brazil Oilseeds and Products Oilseed Update-July 2008*, July 28, 2008, p.2
(22) European Commission, *The impact of a minimum 10% obligation for biofuel use in the EU-27 in 2020 on agricultural markets*, April 30, 2007, p.9
(23) The University of Tennessee, UT Biofuels Initiatives, *Growing and Harvesting Switchgrass for Ethanol Production in Tennessee*, May 2008, pp.1-2
(http://www.utextension.utk.edu/publications/spfiles/SP701-A.pdf)
(24) Entidad Coordinadora: Fundacion INAI, *The China Soybean Industry Policy*, August 2008, p.2
(25) USDA, WASDA, *The World Agricultural Supply and Demand Estimates*, December 10, 2009, p.28

(26) BBC Asia-Pacific News Archive, 10 November, 2007
(http://news.bbc.co.uk/2/hi/asia-pacific/)
(27) The Economic Observer Online, *Soya bean Oil Shortage Sweeps China*, March 17, 2008
(http://www.eeo.com.cn/ens/Industry/2008/03/20/94588.html)
(28) USDA GAIN Report, *China, Peoples Republic of Agricultural Situation New Oilseed Industrial Policy 2008*, September 26, 2008 を参考にしてまとめた。
(29) 同上 (28) の p.2
(30) 前掲 (25) の p.28
(31) Soyatech eNews *No End to China's Soybean Wars* などの資料を参考とした。
(http://www.soyatech.com/news)
(32) USDA, ERS, *China's Soybean Imports Expected to Grow Despite Short-term Disruptions*, October 2004, p.5
(33) USDA, ERS, Amber Waves, *Converging Patterns in Global Food Consumption and Food Delivery Systems*, February 2008, p.28
(34) Goldman Sachs, *Global Economics Paper No:134, How Solid are the BRICs?*, December 1, 2005, p.8
(35) USDA, GAIN Report, *Peoples Republic of China, Sugar Annual 2008*, April 10, 2008, p.7
(36) USDA, ERS, *Production Practices for Major Crops in U.S. Agriculture, 1990-97*, August 2000, pp.53-58
(37) USDA, GAIN Report, *Brazil Oilseeds and Products Annual Soybean Report 2007*, May 1, 2007, p.3
(38) 前掲 (22) の p.8
(39) Gerald A. Bange, Chairman, World Agricultural Outlook Board, USDA, *Situation and Outlook for Agriculture Commodities*, March 27, 2008, p.1

▶▶ 第6章

食のグローバル化からローカル化へ

1. 生産資源の制約——劣化が進む食料の生産資源

　第4章と第5章において，現在，世界の農業と農産物市場で起きている幾つかの特徴的な変化と動きについて考えた。ここで，農産物の市場で起きている次の4つの特徴的な変化について，改めて整理しておくこととする。

　①「燃料生産農業」の登場と展開が，バイオ燃料の原料となるトウモロコシ，サトウキビ，大豆油等の世界市場へ著しい影響を与え始めた。バイオ燃料の「油」と大豆「油」という2つの「油」はこれらの原料にとどまらず，他の作物の価格や作付面積，大豆粕などのタンパク飼料原料の需給にも影響を及ぼし，それらが連鎖して世界の農業そのものの姿を変えていくような新しい状況が生まれている。

　②21世紀に入り，人口大国の消費増が国際市場へ及ぼす著しい影響は中国の大豆輸入急増という形で現われた。BRICsと呼ばれる中国，インドなどの新興国に加え，これに続こうとするNEXT11の人口大国が，所得増に伴う食の高度化によって食肉，植物油，砂糖など日々の食生活に欠かせない基本的な食料の消費を今後も引き続き増やしていくなら，一部の生産国の凶作が原因となって世界の農畜産物市場全体が著しく逼迫する可能性はさらに高まると予想される。

　③耕地という生産資源が限られているなかで，「作物間の作付け競争」という連鎖の現象が強まってきた。特定の作物の作付面積が価格高騰によって増えると，他の作物は作付面積が減って価格が上がる。こうした可能性は，国際市

場に対する2つの「油」の影響が強まればつよまるほど高まる。それに，情報化社会のグローバル化によって輸出国が競争国の作付動向をにらみながら，過剰生産を回避しようとする動きを強める。世界の農産物市場は新しいステージへ上がったのである。

④小さな政府，規制緩和という流れのなかで，世界貿易機関（WTO）は貿易のさらなる自由化を推進しようとしている。このような流れによって，南北アメリカの両大陸を拠点とする穀物メジャーにとっては，世界戦略を展開しやすい環境が整備されようとしている。

高コスト・環境保全による農地の面的制約

上記の4つの変化が今後どう展開するのかを考える場合，農業生産資源の問題を抜きにすることはできない。耕地という生産資源には面的な制約と質的な劣化という問題がある。FAOSTATによると，地球上にある農用地の総面積は49億6700 ha（2005年）。このうち，放牧地や永年作物地を除いた耕地は14億2100 ha。陸地面積の9.5％にすぎない。1987年からの20年間における森林や農地面積（牧草地を含む）の増減を調査した国連環境計画（UNEP）のデータによると，農地面積は20年間に0.2％しか増えていない（表6-1）。この間に1080万 haの森林や草地等が農地へ転換されたが，一方で790万 haの農地が市街地や森林等へ転換され，農地の純増面積は290万 haにとどまった

表6-1 地球上の森林，灌木・草地，農地等の面積の増減（1987～2006年）

（単位：百万 ha）

	森林への転換	灌木・草地への転換	農地への転換	市街地への転換	増加	減少	純増
森林	3,969.9	3.0	9.8	0.2	-13.0	5.7	-7.3
灌木・草地	1.4	3,435.5	1.0	0.2	-2.6	5.0	2.4
農地	4.3	2.0	1,513.8	1.6	-7.9	10.8	2.9
市街地	N.S.	N.S.	N.S.	38.0	0	2.0	2.0
合計					-23.5	23.5	

資料：United Nations Environment Programme, *Global Environment Outlook GEO 4 2007* より作成。
注：農地は牧草地を含み，N.S.は「ほとんどない」を意味する。

のである。

　ブラジルのアマゾンやセラード地域の開発など，1970年代から新規の農地開発は南米諸国を中心に進められた。将来，新たな耕地へ開発できる土地は南米農業国にしか残されていないともいわれる。しかし，新たな耕地開発には莫大なコストが必要となり，そのコストに見合うだけの収益確保が見通せなければ，農家や企業は入植しない。それに穀物メジャーの多くは，農業生産へ直接参入するリスクを基本的に回避する姿勢を崩していない。仮にブラジルのセラード地域に残された9000万haの土地が近い将来に農地へ開拓されるとしても，それは世界の食料不足国の消費者にとってより安い穀物や大豆の供給を保証するものではない。開発に要したコスト負担を含めて，より高い食料供給を受け入れざるを得ない状況も覚悟しておかなければならないだろう。

　グリーンピースなど環境保護団体はアマゾンの熱帯雨林開発による大豆増産に強く反発し，こうした動きにかかわる企業の商品に対する不買運動を展開してきた。不買運動を恐れるEUの食品企業は，ブラジル進出の穀物メジャー等と「ソヤ・モラトリアム」（新規開拓農地で生産された大豆の販売禁止協定）を2006年に締結し，2008年6月には協定の延長合意書にブラジル環境省の代表が初めて署名した[1]。

　世界最大の穀物メジャーのカーギルも，企業の社会的責任（CSR）の重視が国際的に叫ばれているなかで，アマゾン開発に慎重な姿勢を表明している。「真の均衡を求めて」と題するカーギルの「市民的公共性」（2007年版）の文書には「アマゾンの熱帯雨林のこれ以上の破壊に反対し」「ソヤ・モラトリアムを支援するためにブラジル国内の主要な大豆輸出企業の組織化を促進するとともに，環境保全を推進するNGOとブラジル政府との協力を進める」[2]とのメッセージを明確に示したのである。

　一方，アメリカ農務省は，ブラジルでは大豆油を原料とするバイオディーゼルの生産増など国内消費の増大が今後の大豆輸出に影響を及ぼす可能性を指摘している[3]。未開拓の広大な土地が存在しているということだけでは，食料供給の増大を保証することにならないのである。

風食・水食・砂漠化による農地の質的劣化

　一方，気象変動などの要因によって農地は質的に劣化する危険が増している。農地が劣化すれば，作物の生産能力を喪失してしまう。劣化は，強風で表土が喪失する風食や，雨水や洪水で表土が失われる水食，砂漠化など，さまざまな形で出現する。2008年の7月に国連食糧農業機関（FAO）が発表した土地劣化に関する調査結果[4]によると，地球の陸地面積の24％（3570万 km^2）で「生態系の機能と生産性の低下を招く」土地の劣化現象が起きている。人工衛星から撮影した画像データに基づいて行われたこの調査は，劣化した土地の20％が耕地で，43％が森林，20～25％が放牧地と分析した。劣化現象の割合はアフリカ南部や東南アジア，中国南部，オーストラリア，アルゼンチン，北アメリカで高まっている。日本の国土に占める劣化した土地の割合は34.6％，韓国は54.9％，中国は22.9％であった。日本では森林荒廃が数値を高めたとみられているが，豊かな降水量に恵まれた日本列島の水田は，フィジー，パプアニューギニアなど同地域の4か国の農地と同様，劣化はゼロであった。

　農地の劣化は生産増の努力の大部分を相殺してしまう危険があると，FAOは警告する。この20年間，食料供給増のほとんどは穀物の品種改良や肥料の投入増，密植などの生産技術の改善によってもたらされてきた。しかし，土地の劣化に関する上記の調査結果等を踏まえたFAOの予測によると[5]，1961年以降年率2.3％で伸びてきた世界の農業の生産性は，2009年から2030年までの間にその伸びが年率1.5％へ低下し，2030年から2050年の間には0.9％に下落する。

伸び悩む生産技術開発

　表6-2は，1999/00年度からの10年間におけるアメリカのトウモロコシと大豆の単収を示している。天候の影響もあり，単収は増減を繰り返しているが，トウモロコシは大豆に比べ上向きの傾向を続けてきた。ただし，両方とも，2004/05年度のピークを境にして伸び悩んでいる。遺伝子組み換え品種の普及によって単収はさらに伸びるとの見方もある。しかし，遺伝子組み換え品種の主要な特徴は除草剤耐性と除草コストの軽減にあり，単収増加がその中心的な

機能ではない。また，主要な穀物輸出国では遺伝子組み換え品種の普及がほぼ完了しており，同品種の導入で結果的にもたらされた増産の効果は，すでに一巡してしまったとみられている。穀物メジャーの種子企業などは多収穫の遺伝子組み換え品種の新開発に力を入れているが，新品種の開発だけに持続的な単収増を期

表6-2 アメリカのトウモロコシと大豆の単収の推移（単位：1エーカー当たりブッシェル）

販売年度	トウモロコシ	大豆
1999/00	133.8	36.6
2000/01	136.9	38.1
2001/02	138.2	39.6
2002/03	129.3	38.0
2003/04	142.2	33.9
2004/05	160.4	42.2
2005/06	148.0	43.0
2006/07	149.1	42.7
2007/08	150.7	41.7
2008/09	153.9	39.7

資料：USDA, *World Supply and Demand Estimates* の各年度11月公表資料より作成。

待するには無理がある。適切な降雨量と温度・日照時間，早めの播種，輪作の効果，肥料や農薬の投入，収穫時期など，実際の単収には多くの要素が影響するのである。今後は地球温暖化の影響も無視できなくなる。

また，密植の促進など農地の地力を収奪するような増収の取組みを長期に続けることには危険が伴う。1970年代の穀物ブームにあおられて増産を繰り返したアメリカでは，農地の肥沃な表土が雨や風によって失われるという土壌浸食が広がった。このため，アメリカ農務省は土壌浸食の激しい農地を一時的に草地や林地へ戻して休ませるという土壌保全留保計画を1986年から実施せざるを得なくなった。1990年までに全米耕地面積の約10％に相当する1600万ha以上の農地が生産から「隔離」された。2009年度においても約1200万ha（総耕地の7％）の農地を休ませる42万戸の農家へ17億ドルもの補助金が支給され，土壌保全対策が続けられている[6]。多額の税金を投入し，20年以上にわたって農地の地力回復策を実施できる財政力こそアメリカ農業の強みの1つだと筆者は考えるが，アメリカのこうした苦い経験は増産を繰り返してきた他の農業国の将来に対する警鐘ととらえる必要があるだろう。

他方，食料増産の技術開発に対する先進国政府の国際的な協力が弱まり，国際稲作研究所（IRRI：International Rice Research Institute，在フィリピン）

などの農業研究機関が財政難に陥っている。1960年代に米の多収穫品種を開発し，開発途上国における「緑の革命」の推進という歴史的な役割を果たしたIRRIは現在，少ない水と肥料で収量をあげる米の新品種開発などに取り組んでいる。しかし，IRRIや国際トウモロコシ・小麦改良センター（CIMMYT：International Maize and Wheat Improvement Center，在メキシコ）など15の主要な国際農業技術研究所に対するアメリカ合衆国国際開発庁（USAID：United States Agency for International Development，在ワシントン）など先進国政府の資金援助は年々減ってきた。2007年までの15年間に研究所全体の予算は実質50％も減額し，穀物単収増等の研究費の占める割合は75％以上から35％に半減してしまった。

また，1980年代初めには政府開発援助（ODA）の17％（66億ドル）が農業部門へ投入されていたが，2004年には3.5％（34億ドル）にまで落ち込んでいる(7)。先進国の小さな政府，民営化の流れが強まるなかで，開発途上国の農業発展に対する国際的な支援の枠組みは崩れ，一方では穀物メジャー等による種子開発のビジネスが強化されているのである。

2. もう1つの制約

農地という生産資源の面的な制約と質的な劣化の問題は，ビジネスの世界では必ずしも制約になるとは限らない。新たな耕地が開発され，穀物や大豆の供給量が増えればふえるほど市場価格が下がる可能性は高まる。だから，地球上の農地を大幅には拡大できないのは，市民，消費者にとっての制約なのであり，ビジネスにとっては「チャンス」かもしれないのである。

貿易の自由化のみを推進するWTO

市民にとってもう1つの制約がある。それは，世界貿易機関（WTO）の農業協定である。自由貿易を推進する旗振り役のWTOは，穀物メジャー等にとっては利益拡大の枠組みを提供してくれる機関であり，輸出志向型の大規模企業農場にとっても同じである。第2次世界大戦後，アメリカという大きな政

府が実施した余剰農産物の処理計画の下請けを担いながら財力を蓄えた穀物メジャーが，小さな政府，規制緩和，経済のグローバル化の流れのなかで利益を増大してきたのは，歴史の皮肉ということかもしれない。

ちなみに，カーギルがホームページを通じて公表した過去5年間の収支をみると，総販売額（その他収入含む）は2005年度の711億ドルが2008年度には1204億ドルに達し，世界的に経済不況が広がった2009年度においても1166億ドル（約10兆円）を確保している[8]。グローバル企業トヨタの売上のほぼ半分に相当する規模である。

WTO農業協定は農畜産物の貿易拡大を目的にしてつくられた貿易ルールであり，輸出国側の利益が優先されることによって各国の市民にとっては幾つかの制約をもたらしている。例えば，同協定の前文には「食料安全保障，および環境保護の必要性を含む非貿易的関心事項等に留意する」と明記されているが，食料の不足する国が食料安全保障の必要性を理由にして輸入制限をすることは許されていない。一部の農産物の輸入が増大し，国内農業が疲弊することによって環境が悪化することを理由にすることもできない。

農業協定の交渉において日本や韓国，スイス，ノルウェーなどの政府は，環境保全や景観保持，国土保全など農業が果たすさまざまな機能を守るために，一定の輸入制限措置をWTOは認めるべきだと強く主張したが，認められなかった。「非貿易的関心事項」に留意するという文言は協定の前文に挿入されたが，農業協定の条文への実質的な反映はなされていないのである。そのため，例えば，世界的な観光資産であるアルプスの景観を維持する中小の酪農家を守るために，スイスが酪農製品の輸入制限措置を強めることはできなくなったのである。

また，輸入食品の検疫・衛生措置が偽装された貿易制限になることを阻止するという目的から，食品添加物など国際基準が存在する場合には，自分の国の検疫・衛生措置を国際基準に基づかせることが原則とされている。つまり，国際基準よりも厳しい措置を採用しようとする場合には，その科学的な正当性を，採用する国が証明しなければならない。そういう決まりになっている。国民の

食の安全を守る国境措置についても，国家の判断に基づいて実施することが困難になってきたのである。

2001年に開始されたWTOの多角的な貿易交渉（ドーハ・ラウンド）は，その後アメリカと新興国との対立などによって膠着状態にあるが，農業交渉分野の最終的な枠組みに関する合意案は，環境や食料安全保障などの非貿易的関心事項への留意どころか，いっそうの貿易自由化，市場開放をWTO加盟国へ義務づける中身となっている。

例えば，多くの国が自国の安定的な食料供給と食文化を守るために，一部農産物の輸入制限措置を維持してきたが，この対象品目の数を大幅に縮減する方向で合意案が提示されている。それに，貿易の自由化を過度に追求するあまり，食料由来のバイオ燃料の生産と貿易の拡大が食料価格の高騰に与える影響を軽減する措置など，市民の生活を守る立場に立って貿易の基本的な課題をWTOが議論することは望むべくもない。

2007～08年の食料高騰時には，穀物などの輸出を制限した輸出国が少なくなかった。WTO協定では輸出制限を行う国は輸入国との「事前協議」を行うこととなっているが，事前協議を行ったという話は伝えられていない。食にまつわる緊急事態はそういうものであると，覚悟しておかなければならない。

貿易の必要性と重要性を否定するつもりはないが，どこの国でも国益優先であり，だからこそ貿易の自由化と食の安心・安全との均衡を図っていくことが，今後はますます重要になるのである。

懸念される食料価格の高騰

2009年6月に公表された「OECD/FAO長期農業観測」では，10年後の2018/19年度に向けて農畜産物の国際価格は再び高騰する可能性が高いとみている。2009/10～2018/19年度の間に，小麦や米，トウモロコシなどの粗粒穀物の価格はほぼ横ばいで推移するが，大豆などの油糧種子は19.1％値上がりし，油糧種子粕は15.4％，植物油は11.5％，砂糖は3.4％の値上がりが予測されている。また畜産物の価格では，豚肉の11.6％，バターの39.4％など，大幅に高騰するとみられている。さらにバイオ燃料についても，エタノールが

20.5％，バイオディーゼルが16.7％と，大幅な値上がりを予測している[9]。

ただし，「OECD/FAO長期農業観測」は一定の前提条件に基づいて行われている。つまり，農地の確保や単収の継続的な伸び，水資源の問題が今後の農業生産の増大にとって克服できないほど重大な壁にはならないというのが基本的な前提条件である。また，そのためには限られた農地の利用率を向上させ，地球温暖化対策などの農業技術や品種改良への研究開発に公的資金の投入を増やしていくことが必要だと強調されている。

「OECD/FAO長期農業観測」は，2050年に90億人を超えるとされる世界人口の食料需要増に供給側が対応していくためには，現在の世界の食料生産を2030年までに42％，2050年までに70％増やしていかなければならず，とりわけ開発途上国の食料生産は，それぞれ60％，100％増大する必要があるという前提で行われている[10]。しかし，農業生産に対する積極的な投資の必要性が強調されてはいるものの，新たな農地の開発や単収の伸び等について，生産増に向けた具体的なロードマップまでは示されていない。つまり，長期的には価格の高騰が予測されるが，単収増などによって生産を伸ばすことは可能であり，農産物市場の破綻など危機的な状況にはならないという姿勢である。

WTOは自由貿易の推進こそ食料安全保障にとって必要だと主張する。しかし，すでにみてきたように，貿易の自由化が際限なく進めば，多くの国の農業は競争に負けて一部の農業国に生産と輸出が集中し，天候異変等による価格の高騰が連鎖的に拡大して，輸入したくても十分な量の食料を確保できない国が出てくる。2007～08年にそうした事態が起き，地球上の栄養不足人口が2億人も増えて10億人を超えたにもかかわらず，WTOはそれでも貿易のいっそうの自由化を追求しようとしていた。貿易の自由化が本当に食料の安全保障を可能とするのだろうか。答えは否である。

現在の国際社会は，農産物貿易の自由化を推進し，監視するWTOのような組織を有してはいるものの，各国の市民に食料の安定供給を保証するような仕組みはもっていない。近隣の各国が協力して穀物備蓄を保有し，緊急事態に備えようという構想は出てくるが，実際には費用の負担等の問題で前に進まない。

穀物を備蓄に積み上げれば一時的に需要は増えるが，中・長期的には市場価格が低位に安定することとなり，これを望まないビジネスの世界がある。このことが国際的な備蓄構想の実現をはばむ1つの要因になってきたと，筆者は考える。

さらに，天候異変による穀物や油糧種子の凶作によって，前述した作物連鎖の現象が未曾有の市場沸騰を引き起こし，これに投機資金が流入して食料を買えないような国が続出したとしても，今の国際社会にはこの資金流入を阻止する仕組みもない。このような多くの制約があるなかで，食料の安定的な確保に国としても，市民としても取り組まなければならないのが実情なのである。

3. 市民と農家の再接近

経済のグローバル化，大量生産・大量消費，小さな政府，貿易の自由化という流れのなかで，世界の食をめぐる状況は大きな変化を遂げてきた。食のグローバル化あるいはアメリカ化は，ファーストフードに象徴されるような画一化と大量消費を特徴にして，世界の隅々にまで広がり，食品流通産業の寡占化と国際的な事業の展開が促進された。一方で地方都市のシャッター通りに象徴されるように，中小の商店経営は立ちいかなくなり，小売業界の二極化が進んだ。農業の世界でも多くの先進国で兼業農家が増え，農家の二極化は国際的な共通現象となった。

このように供給側が大きく変化するなかで，1980年代ころから消費者側にも二極化現象が強まってきた。食に対して安価と画一性，利便性を求める消費者の層と，品質や味，安全性，季節性，産地等にこだわる層との分離が徐々に進んできた。

このような3つの二極化がほぼ同時並行して広まるなかで，消費者と生産者を結びつける新しい動きが，これもほとんど世界同時期に起きた。その動きとは農家の直売である。大規模なスーパーマーケットの食品売り場や画一的なファーストフードに飽き足らなくなった消費者が直売の農家に接近し，支援し

始めた。「地産地消」や「身土不二」「Buy Fresh Buy Local」（新鮮な食料を地元で購入しよう），「Eat Local Buy Local」（地元のものを食べよう，地元のものを買おう）など，取組みを進めるキャッチフレーズは国によってさまざまであるが，基本は同じ考え方である。市民と農家との直接取引である。

アメリカで激増するファーマーズマーケット

「2005年農林業センサス」によると，日本には農産物の直売所が1万3538か所（無人の直売所も含む）あり，このうちJA（農協）が運営する直売所の店舗は2000か所を超えている。イギリスではファーマーズマーケットが1997年に1か所しかなかったが，2008年には500か所を超えた。このほかにも同国には，農家が個人で開設する直売所やスタンド等が約4000か所あり，農家の直売総額は2008年の推計で20億ポンド（同国の食料支出総額の約2％）に達する[11]。「身土不二」をスローガンにして国産農産物の消費拡大を推進する韓国の農協でも，日本と同様の取組みが開始され，直売の運動はアジアの開発途上国にも波及しようとしている。

市民と農家の再接近ともいえるこの現象が，いま最も劇的な勢いで広まっているのがアメリカである。全米の街には世界中の料理を提供するレストランや，あらゆる種類のファーストフード店が軒を並べ，大規模なスーパーマーケットには大量の食品があふれかえる。そのアメリカで，ファーマーズマーケットの開設が近年大幅に増えてきたのである。農務省が，全米のファーマーズマーケット数を初めてとりまとめたのは1994年であった。図6-1に示されるように，この年の総数1755か所は2009年6月末段階で5274か所に達した。15年間で3倍増という驚異的な伸びであり，日本を含めどこの国もこの勢いには追いついていない。

1992～2002年の10年間に，全米の農家の直接販売額は4億400万ドルから8億1200万ドルへ倍増した[12]。アメリカの2007年農業センサスによると，2007年に消費者へ直接販売した農家は13万6000戸を超え，その販売総額は12億1000万ドル（1農家当たり8900ドル）と，2002～07年の5年間に1.5倍に増えている。全米の農畜産物の販売総額（2972億ドル，2007年）に占める

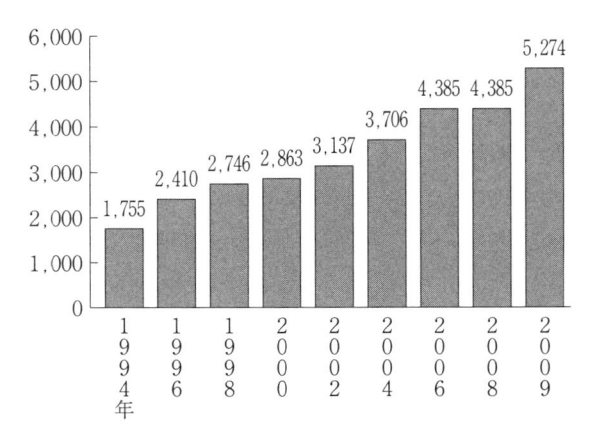

図 6-1　アメリカのファーマーズマーケットの設置数
資料：USDA, *Farmers Market Growth: 1994-2009*, October, 2009
　　（http://www.ams.usda.gov/AMSv1.0/ams.fetchTemplateData.）

割合は0.4％にすぎないが，青果物の販売総額に比べると3.6％の割合となる。一方，アメリカ農務省農業販売局は，農家の直売を含めた地場産の農畜産物に対する全米の総需要は2002年の40億ドルから2012年には70億ドルに達すると予測し，農家の直売はさらに伸びるとみている[13]。

　2006年5月，コロラド州立大学が1549人の消費者を対象に実施した食料品の購買調査では，生鮮食料の第1の購入先としてファーマーズマーケットをあげた消費者の割合は25％（第2の購入先とした割合は12％）と，スーパーマーケットの56％の半分近くに迫る水準にあるという結果が出された（表6-3）。

　一方，JA総合研究所が2009年7月に行った「野菜・果物の消費行動に関する調査」[14]の「野菜の購入先のトップ3」に対する回答は①スーパーマーケット／量販店が96.8％，②青果物専門店／八百屋28.1％，③生協（店舗・共同購入・宅配等）22.9％，④直売所（ファーマーズマーケット）19.9％という結果が出ている。ただし，直売所（ファーマーズマーケット）の割合が東北では42.1％，北関東では38.0％，九州では31.6％と高く，この割合に生産者から直接購入の割合（全国平均で7.2％）を足すと，野菜の直売に対する日本の消費者の対応は，コロラド州立大学の調査結果とほぼ同水準に並んできたことが推測できる。

表6-3 アメリカの消費者の食料品購入先（コロラド大学調査, 2006年）　（単位：％）

食料品購入先	第1の 食料品購入先	第1の 生鮮食料購入先	第2の 生鮮食料購入先
スーパーマーケット	76	56	29
会員制の倉庫型卸売大規模小売店舗	19	10	23
健康食品店	2	2	8
ファーマーズマーケット	<u>1</u>	<u>25</u>	<u>12</u>
生産農家のその他の直売	1	1	3
特別店舗	1	1	3
特に決まっていない	-	-	22

資料：USDA. AMS Farmers Market and Direct Marketing Research Branch, *Emerging Opportunity for Local Food in U.S. Consumer Markets*, August, 2008, および Colrado State University, *Agricultural Marketing Report*, May 2007, pp.1-4 より作成。コロラド州立大学の消費者調査は，2006年5月に1,549人の消費者を対象に行われた。

CSAを通じた市民と農家による作物豊凶の共有化

　アメリカでの直売はファーマーズマーケットに限らない。農家が道路わきなどのスタンドで有機野菜などを販売したり，市民が野菜や果物を自分で収穫して代金を農家に支払うピックユアオウン（Pick-Your-OwnまたはU-Pick）など，その形態は多様化している。こうしたなかで，近年国際的にも注目されているのが地域支援型農業（CSA：Community Supported Agriculture）である。

　CSAは，地域住民と契約した農家が野菜や果物，卵や自家製ハム等の農畜産物を毎週1回あるいは毎月2回など定期的に契約者へ配送するシステムであり，この仕組みの特徴は，地域住民が野菜等の播種時期の前に農家と配送野菜の内容等について契約し，1月当たり50～70ドルの料金（春から秋の配送期間の全額）を前払いすること，契約者が配布場所へ出向くなど配送コストの節減に一定の役割を果たすことなどにある。

　大都市近郊を中心にCSAは急速に広がった。2007年農業センサスで初めて調査対象となったが，CSAに取り組む農家は1万2549戸（全米農家約220万戸の0.6％）という調査結果が出された。「1985年，アメリカで最初に生まれたCSA」の数は「1996年春，アメリカ合衆国とカナダを合わせると，少なく

とも10万人以上の人々と結びついた600近いCSAが大地に種をまいた」[15]と推計されていたが，10年余りの間に急速に増えてきた。今では有機農業信奉者の特別なグループという存在ではない。大都市の近郊においては，CSAが線の存在から面的な広がりの段階に入りつつある。

「1農家の契約者には50人弱から数百人までと幅がある。天候に恵まれて豊作なら契約者に『おまけ』の野菜などが配られるが，逆の場合には消費者も配達される農作物が減るというリスクを負わねばならない」[16]。それと同時に収穫作業の手伝いや食事会等のイベントを家族ぐるみで楽しみ，都市住民と農家の新しいコミュニケーション・スタイルに発展してきたといわれる。

農家が個人あるいはグループでCSAを立ち上げる場合もあれば，市民がグループをつくってCSAを担える農家を探す場合もある。市民と農家が天候異変による農産物の豊凶というメリットとリスクを共有しながら，都市近郊の中小家族経営農家の存続を図ろうという新しいコミュニティ運動ととらえることができる。イタリアから始まったスローフード運動が世界各国に広がったと同じように，CSAもヨーロッパ諸国へ「伝播」し始めている。

相次ぐ食品汚染事件で高まった消費者の安全志向

農家の直売活動がアメリカの市民の間で人気を博している背景には，何があるのだろうか。食品汚染事件が相次いで発生し，市民の食の安全志向が高まってきたという事情があると，一般的にはみられている。ニューヨーク州の西側に隣接するコネチカット州の州都ハートフォード市のハートフォード・コーラント紙は「人びとは食材の産地に注意を払うようになった。地元の農産物を買う傾向は口コミで急速に広がっている。アメリカ人と食の関係では革命的ともいえるこの変化の背景には，過去数年間，間断なく続いた食品汚染事件がある」[17]と解説する。

確かに近年，アメリカではサルモネラ菌による食品汚染事件などが相次いで発生した。特にアメリカ人を震撼させたのが，2008年秋から2009年春のピーナッツバター食中毒事件である。ピーナッツ食品のサルモネラ菌汚染は他の食品にも拡大し，食中毒の被害者は710人以上（2009年4月末で少なくとも9

人死亡），回収された商品は2009年10月28日現在，3918種に及んでいる[18]。

ただし，消費者の意識は単に安全志向だけにとどまらず多様化している。O-157による食中毒事件が大きな社会問題になった2001年と2007年に，コロラド州立大学はコロラド市内のファーマーズマーケット利用客100人に聞き取り調査を行ったが，同マーケット利用の第1の理由として「地元農家への支援」をあげた利用客の割合は，2001～07年の6年間に25％から42％へ増えたと伝えられている[19]。

また，前述のアメリカ農務省農業販売局の資料によると，ファーマーズマーケットの消費者に対するアピールポイントは，「青果物の鮮度・香り・完熟度」「スーパーマーケット等では手に入りにくい作物と品種の多様性」「生産農家との個人的な人間関係をつくる機会」「食材や作物の生育に関する農家の情報の入手」「地元経済や地域農業への支援」「地元の農地とオープンスペース（ゆとりの空間）を守ることへの貢献」，および「農産物輸送に消費される燃料の節約」があげられている[20]。

日本でも，大地を守る会と生活クラブ生協連などの生協組織が食料の輸送距離（フードマイレージ）の短い国産の農畜産物を消費することでCO_2を削減しようとする「フードマイレージ・プロジェクト」に取り組むなど[21]，自然環境の保護と国産愛用，地産地消を結びつける考え方は広まってきた。しかし，直売所などを利用することによって「地元経済や地域農業を支援する」「地元の農地とオープンスペースを守ることへ貢献する」といった問題意識はまだ表面化していない。

食のグローバル化推進基地のおひざ元で生まれた食のローカル化

アメリカの市民のなかにこのような問題意識が出てきた背景には，アメリカ農業の構造的な変化というもう1つの要因があると筆者は考える。年間100万ドル以上の農畜産物を販売する超大規模企業農場は農家戸数の2.6％（約5万7300戸）にすぎないが，全米販売額の59％も占めている。一方，5万ドル未満の農家は総農家の78％を占めるが，その販売額の占める割合は4％にすぎない。ほとんどの農家は兼業収入と政府の補助金がなければ営農を続けることが

できない実態にある。アメリカ農業の二極化は極端な水準にまで達しているのである。

　こうしたなかで，農家の離農，都市郊外での農業の後退が進み，都市住民にとって農家や農業の生産現場が遠のいてしまった。こうした実態が緑の空間や農的な景観に対する市民の関心を高めさせているのである。中西部などの農業州はアメリカ人のハートランド，心の故郷と現在でも呼ばれている。しかし，国土が広大なアメリカでは，農場や農家へ接近することは容易でない。市民が農業の現場を見たり，農家と話したりすることは日本の社会よりも難しいかもしれない。また，多くの州で大都市のドーナツ化現象が起こり，オフィス街やショッピングモールが郊外へ移動している。農業を見ることができる，農家と話ができる「緑の郊外」は，都市郊外からどんどん離れている。そのため，CSAに取り組む農家のなかには，何十kmも離れた農村地域から都市郊外の配布場所まで農産物を配達するのも珍しくないといわれる。

　市民と農家の再接近を食品汚染事件のマスコミ報道が支援し，スローフード協会など地元の食材や子どもたちへの食農教育を支援するNGOなどの組織が後押ししている。2009年5月中旬，前述のハートフォード・コーラント紙は「CSAは増えているが，農家との契約希望者はそれよりも多い。ウエイティングリストが減っていない。農業こそ変わる必要がある」[22]と訴えた。確かに全米各地にあるCSAのホームページをみると，「会員ご希望の方はウエイティングリストへご連絡先をご記入ください」とのメッセージを流すCSAが目につく。一方で，ニューヨーク市のCSAを支援する組織などは，CSAを担う農家をネットを通じて募集している[23]。

　CSAは市民による新たな「食の選択」ともいえる。それは，大量生産，大量消費，大規模なフードチェーンによって構築された食のシステムに対峙し，市民と農家の契約による新たな食のシステムを形づくっていくかもしれない。大規模な企業農場とアグリビジネスが進めてきた食のグローバル化に対する食のローカル化の流れである。自由貿易と経済のグローバル化によるコスト引下げという競争下で農業を続けることが困難になった中小農家を，地域住民が支

え，これに農家側が応えていくという風が吹き始めている。幾度かの戦争を通じて，世界の食料生産と貿易は市民の生活の場から遠く離れ，農の現場と食の現場との距離が広がってしまった。これを再び短くしようとする取組みが，食のグローバル化の推進基地，アメリカのおひざ元で生まれてきたのは，歴史的な変化といえるだろう。

4. ホワイトハウスの菜園からスタートした　　　　　「アメリカ版市民農園」の展開

「農務省市民菜園」の先駆け的なキャンペーン

2009年4月9日，ミシェル・オバマ大統領夫人は，ホワイトハウスの庭園に200ドルをかけてつくった約30坪の菜園で，小学生やビルサック農務長官と一緒にレタスやタマネギなど25種類の野菜などを植えた。このイベントを前にインタビューに応えた大統領夫人は「健康によい地元産の野菜や果物について子どもたちに教え，それを通じて地域社会へ知らせることが大切だ」[24]と強調した。ミシェル夫人がリードしたこのイベントが，半年もたたないうちに大規模な取組みに発展してきた。

2009年7月30日，ビルサック農務長官は「8月2日から8日を『第10回全国ファーマーズマーケット週間』にする」と宣言し，ファーマーズマーケットの利用を全米の市民へ呼びかけた。これに続いて8月6日には，「8月23日から29日を『全国コミュニティ菜園週間』にする」と宣言し，ミシェル夫人がイニシアティブをとったホワイトハウス菜園の取組みを全国的な運動へ発展させていく方針を明らかにしたのである。

ホワイトハウスの菜園がマスコミの注目を集める前の2月12日，ビルサック農務長官は，1862年に農務省を設立したリンカーン大統領の生誕200年を記念して，ワシントン市内の農務省本部ビル周辺に「農務省市民菜園」（USDA People's Garden）を建設すると公表した。そのため，ビルサック長官自らが農務省本部前のアスファルトを排除して「農務省市民菜園」の一部にするとい

う儀式を執り行い，同省職員のボランティア活動によって野菜等の植付け準備が始められていた(25)。

もともとアメリカには，「コミュニティ菜園」(Community Garden) という取組みが1972年から始まっていた。農務省協同組合局の資金的な支援の下に，アメリカ・コミュニティ菜園協会（ACGA：American Community Gardening Association，在オハイオ州コロンバス，1979年設立）が全米およびカナダの各市町村の学校や教会，公共施設などの空き地に花や野菜を植える菜園を設け，地域社会の美化等へつなげていこうとする運動を進めてきたのである。ACGAのホームページによると(26)，アメリカとカナダの市町村に設けられたコミュニティ菜園の数は1万8000か所に及び，9万4800人のボランティアが菜園での野菜づくりの指導等を行っている。

注目されるのは「農務省市民菜園」の仕掛けである。農務省本部ビルの周辺を幾つかの小さなブロックに分けてつくられた菜園は，約50坪の「有機農園」をはじめ，「キッチン農園」「ビオトープ」「雨水の浸透コーナー」「コウモリの家」「3姉妹ガーデン」など多彩な組立てとなっている。これらのコーナーは全体として，農業生産の現場や環境保全，生物多様性，農地への雨水の浸透による河川浄化効果など，農業の多面的な機能を市民が間近に観察できるように設計されたのである。

「3姉妹ガーデン」には「背の高い長女のトウモロコシと，長女のまわりで肥料を蓄える次女のインゲンマメ，そして背の低いカボチャの末娘は虫を追い払う」といった，ヨーロッパからの移民がネイティブアメリカンの農業から学んだという歴史にまつわる童話があしらわれ，「コウモリの家」にはコウモリの糞が野菜の大切な肥料になる話など，子どもたちや大人にとってもわかりやすい食農教育の「教材」となっている。

ビルサック農務長官は，ワシントン市内にある農務省別館（経済研究所）のビル屋上に2番目の「農務省市民菜園」をつくり，2009年5～8月の間に収穫した140kgの野菜をワシントン市内のホームレス支援組織へ寄付した。さらに，同長官は，全米各郡にある2300を超える農務省の事務所と，90か所の海

外オフィスにも同様の「農務省市民菜園」を開設するよう命じたと伝えられている。

市民意識の流れを先取りしたアメリカ政府の広報戦略

　アメリカ農務省は，なぜこれほど大掛かりな「市民菜園」のキャンペーンを始めたのか。戦後一貫して農業の大規模化，農産物貿易の拡大を主導してきたのが農務省である。その農務省が本部周辺を「農務省市民菜園」へつくり替え，アメリカ市民に対する食農教育のショーケースに仕立て上げようとしている。この菜園に隣接する「農務省ファーマーズマーケット」がショーケースの見学者を増やす役割を果たしている（春から秋の開設期の1日当たり利用者は2500人以上）。農務省の事業を少しでも知る人は首をかしげるかもしれない。しかし，この運動にはオバマ政権のしたたかな広報戦略が隠されており，そうした戦略を生み出すような変化がアメリカの社会で起きていると考える。

　食品汚染事件等が間断なく続いてきたなかで，汚染の拡大を阻止できない政府に対する批判が強まってきた。他方では，特に大都市や都市郊外に住む高所得層の市民を中心に「バイフレッシュ・バイローカル」（Buy Fresh Buy Local）の関心が高まっている。この流れは，大きな社会現象に発展していく可能性がある。オバマ政権は，こうした変化の広まりを先取りするなかで，「農務省市民菜園」を通して後者の流れの促進にリーダーシップを発揮するとのメッセージを市民にわかりやすい形で発信し，同時に前者の批判へ間接的に応えようとしていると，筆者は考える。

　記者会見でビルサック農務長官は「農務省市民菜園は，健康によい食料と空気と水を人びとと地域社会へどのように提供するのかを知らせるための生きた教材である」[27]と強調しているように，国民の健康，環境保全，郊外の緑やオープンスペースの保持を重視していくというオバマ政権の姿勢を「市民菜園」を通してアピールしているのである。と同時に，ファーマーズマーケットやCSAに対する財政的な支援を強化し，低所得層に支給されるフードスタンプの電子マネーカードを直売所などでも使えるように制度を改革することによって，与党民主党の支持基盤である中小家族農家と都市部の低所得層に対し

ても支持を求めるメッセージを送っているのである。

　また，全米の「コミュニティ菜園」に対する市民の関心を高めさせ，30年以上も続いてきたこの運動を今日的に再活性化させたいという狙いもあるだろう。子どもたちへの食農教育の推進という，ほとんどすべての国民が支持する事業を中心軸に置きながら，全米各地のコミュニティ社会がホワイトハウスのミシェル大統領夫人の野菜づくりと同じ行動，価値観を共有する。こうした取組みを盛り上げることに政治的な効果を期待する―そうした思惑も見え隠れする。

　2009年6月16日，ワシントン市内の小学生とホワイトハウスの「ファースト・レディ菜園」で野菜やジャガイモを収穫したミシェル夫人は，記者団を交えた収穫パーティで次のように述べている(28)。

　「肥満や糖尿病，心臓病などはすべて食事に関係する健康問題です。毎年，1200億ドルもの費用が必要となります。大統領と議会は健康保険制度の改正の検討を始めました。健康問題は特に全米の子どもたちに影響することであり，私自身非常に心配しています。(中略) 本日は，子どもたちと一緒に野菜の収穫を楽しみ，多くを学ぶことができました。ただし，健康によい野菜や果物をすぐに手に入れることができない家族がアメリカにはたくさんいます。近くに新鮮な野菜を提供するお店がない街もあり，(中略) ドラッグストアやガソリンスタンドで野菜を買わざるを得ないところもあります。しかし，ここで皆さんに報告できるのを嬉しく思うことは，まさに今，全米の各地で『コミュニティ・ガーデン』の取組みが広まっているということです。これらの菜園は住民に新鮮な野菜を提供するだけでなく，人びとが一緒に集まって，健全な地域社会や子どもたちのためによりよい将来を築くための機会を与えてくれるのです」。

　ホワイトハウスの菜園からスタートした「アメリカ版市民農園」の展開には，社会の歴史的な経過や環境の違いなどもあり，直接的に学べることは少ないかもしれない。しかし，世界最大の農業国，世界第1位の農産物輸出国のアメリカで，大統領夫人の参画の下にきめ細かく準備された「市民菜園」の全国キャ

ンペーンが展開され，それを発展させようとしている，それを支える市民がいるという，アメリカ社会の変化にこそ注目する必要がある。また，アメリカの各地で取り組まれている市民菜園の映像が農務省のホームページへ次々と届けられ，それらが全米の市民社会へフィードバックされている。ネット社会における新たな社会現象を急速に広める手法について，1つの可能性を示唆している。

地域農業の維持・発展には市民の理解と支援が不可欠

　食の二極化はさらに進む。人びとの食と農に対する考えも多様化し，変化していくと思われる。このような市民の意識の変化をどれだけ先取りし，市民社会の改善へ結びつけていけるのかが，国会議員や政府だけでなく，消費者や農家の組織に求められているのではないだろうか。

　日本国内でも，直売所を拠点にしてさまざまな取組みがすでに展開されている。地域の子どもたちの農業体験やビオトープの体験学習などを支援する地域での活動は，ほとんどのJAや農業青年組織が実施している。地元産の農産物を使った料理のレシピなどの情報を利用者へ提供する直売所も少なくない。農家のおふくろの味が直売所を通じて市民の間へ継承されていく。イタリアのスローフード運動が子どもたちに本物の味を伝える活動を強めているのと同じ発想である。直売所の売上の一部を地元の学校図書館や福祉団体へ寄付するところも出てきた。都市農業を守ろうとする東大阪市の組織は，農産物を育てるために必要な農地面積の情報を直売所に掲示して「ファームマイレージ運動」を市民に呼びかけるなど，環境保全とエネルギー節約の取組みを直売活動に結びつける運動を始めている[29]。

　JAの直売所は，市民と農家の再接近を強めるための「食と農の広場」としてさらに多様な活動を広げることができるし，それを期待する地域住民は少なくない。高齢者や身体の不自由な人びとに農地や作物へ触れる喜びの機会を与えることもできるだろう。

　スローフード運動は，旧約聖書のノアの箱舟になぞらえて，消滅寸前の伝統野菜や食品を「ノアの箱舟プロジェクト」[30]のリストへ登録し，レストラン

や市民の支援を得て，これらの生産農家を守る運動を展開している。日本の直売所が「箱舟」になることも不可能ではないだろう。大型の直売所などでは地元産作物の加工事業にも着手し，地元産大豆を使った味噌や豆腐を提供している店舗もある。東北地方などの直売所では，乾燥野菜など冬季の栄養補給食品という古くからの農家の知恵が商品化されているところもある。地域社会の食文化を支える作物を守り次世代へ継承していくための，市民にとってわかりやすい情報の「発信基地」としても，直売所は役割発揮の可能性を秘めている。

　身近なところで地元住民の食べ物をつくる農業を守ることは，地域社会の景観や環境，オープンスペースを守ることにもつながってくる。市民と農家がその利益の共有化を促進できるよう，直売所が情報発信を強めることこそが，地元の農産物だけでなく地域の食文化や農地をも「箱舟」に載せて次の世代へ引き継ぐための重要な手立てになると考える。

　地域社会の市民と農家の再接近を強めていく延長線上で，日本版のCSAが直売所を基地にして誕生していく可能性は小さくない。JAの准組合員などを中心に，野菜や米の予約購買という方式から各地域独自のCSAを立ち上げることもできるだろう。少しでも身近なところで食料を確保しておくことは安心につながるという市民の生活感覚が広まり，それが定着化していく時代はそう遠くない将来に到来してくると確信する。世界の農業と貿易という，市民生活からは遠く離れた場所で起こる食料生産と消費の変化の情報がインターネット等を通じて市民へ瞬時に伝わる可能性が高まればたかまるほど，その到来は早まるだろう。

　市民側のこうした変化を先取りし，市民側の期待に応えていくためには，農地という生産資源を守り，農業の担い手を確保するという重い課題に農家側は挑戦していかなければならない。生産者の組織するJAの果たすべき役割はさらに重くなる。アメリカの大都市近郊で起きている変化と同様に，日本においても地域農業の維持・発展には市民の理解と支援が不可欠となる。そうした地域社会との交流，情報交換，理解促進の場としての機能をJAの直売所が担うこともできる。そして，何よりも求められるのは，それぞれのJAに「地域市

民対応部」「地域食料対策部」といった専属の部署を設置し，市民と農家との再接近のあらゆる可能性と具体策を追求することである。

　ミシェル・オバマ大統領夫人がホワイトハウスの庭園で始めた 30 坪の菜園が，ほんの半年余りの間に「アメリカ版市民農園」運動を展開させることとなった。人びとの価値観は確実に多様化し，変化しているのである。

5．求められる 21 世紀の「新ローマ・クラブ」の提言

先送りは許されなくなる食料確保へのロードマップ策定

　2009 年 11 月 16～18 日，ローマで国連食糧農業機関（FAO）主催の「食料安全保障に関する世界サミット」が開催された。その直前の 11 月 11 日，記者会見に臨んだ FAO のジャック・ディウフ事務局長は，世界の慢性的な飢餓人口が 10 億 2000 万人に達したと報告するとともに，14 日と 15 日の週末に「飢えに苦しむ 10 億人の人びととの連帯を示したい世界中のすべての人が断食することを提案し」，自らも食を断つと述べた[31]。

　こうして始まった世界食料サミットでは，2050 年に 90 億人以上へ増えると予測される地球上の人口の食料を農業がどう確保するのかが，最重要の議題となった。しかし，サミット宣言では「2050 年までに世界の農業生産を 70％増やし」，「2015 年までに栄養不足人口を半減させる」[32]との決意を表明するにとどまった。そのために，農業生産増を図り，技術開発への公的資金の投入減という傾向に歯止めをかけ，増額していくとの考えを確認したものの，政府開発援助（ODA）の明確な増加目標や農業生産増に向けた具体的なロードマップを示すことはできなかった。

　70％の農業生産増という 40 年先の目標は打ち出されたが，これからの 40 年間，農地という資源の生産性を持続的に高めていくことが果たして可能なのだろうか。一方では，地球温暖化の進展によって自然災害の発生頻度が年を追うごとに高まっている[33]。ベルギーにある災害疫学研究センター（CRED：Centre for Research on the Epidemiology of Disasters, 在ブリュッセル）は国

連国際防災戦略（UNISDR：United Nations International Strategy for Disaster Reduction，在ジュネーブ）と連携し，1900年以降に発生した自然災害や人為的災害のデータを管理し，毎年公表している。10人以上の死亡者・100人以上の被災者等の基準に基づいて世界中の災害情報が収集されてきた。CREDのデータによると，洪水や干ばつ，山火事などの自然災害[34]の発生件数は，1970年代の776件が1980年代には1498件，1990年代には2034件に増え，2000～05年の2135件は，すでに1990年代の件数を超えているのである[35]。

　農地という食料の生産資源は面的な制約と質的な劣化に加え，今後は自然災害の頻発と地球温暖化の影響にさらされる。第1章で，19世紀の初めにイギリスの穀物法の存続か廃止か，農業保護か自由貿易の促進かをめぐってマルサスとリカードが論争したことについて触れた。『人口論』のマルサスは，人口増に追いつけない食料生産増の制約を指摘し，イギリス国内の食料生産の重要性を訴えて輸入制限の穀物法を支持した。マルサスの人口論は，アメリカやブラジル等の新大陸における大規模な農地開拓と，品種改良・化学肥料の投入等によるその後の大幅な食料増産という歴史のなかで杞憂にすぎなかったとされ，今ではほとんど忘れ去られている。

　『人口論』から170年以上がたった1970年，イタリアのシンクタンク「ローマ・クラブ」は世界各国からさまざまな分野の知識人約70名を集め，2年間をかけて人口，食料，資源，環境等の問題を総合的に研究し，人類の破局を回避するための提言，『成長の限界』[36]を明らかにした。

　「ローマ・クラブ」の提言から40年近くが過ぎて新しい世紀に入った現在，『成長の限界』が100年後をにらんで警告した多くの課題が早くも出現してきた。例えば，「大多数の重要で再生不可能な資源は，今から100年のうちに非常にコスト高になってしまうであろう」[37]と予測されたが，一部の鉱物資源の枯渇問題はすでに顕在化している。

　ただし『成長の限界』では明確に想定されなかった，地球温暖化による影響などの課題がある。また，「単純外挿による2000年のGNP」予測において，中国やインドの1人当たりのGNPをそれぞれ100ドル，140ドルとみる

など[38]，現状が当時の予測を劇的に超えたという変化も起きている。それに，地球温暖化対策の議論や，2030年代に採掘可能な原油の埋蔵量が頭打ちになるという「ピークオイル」，そして10億人を超した栄養不足人口の問題など，『成長の限界』が警鐘を鳴らした課題の中身は，この40年間によりいっそう鮮明となり，技術革新によって将来をより正確に予測することが可能となっている。

　他方，国連の気候変動枠組条約（UNFCCC：United Nations Framework Convention on Climate Change，事務局はドイツのボン）の締約国会議（COP：Conference of Parties）は，世界の温室効果ガスの新たな削減目標の策定とその実現に向けた具体策を決めるため，2009年末までのポスト京都議定書の合意を目指し，継続的に議論を積み重ねている。「ピークオイル」に対する市民レベルの危機感がCOPの議論を後押ししてきた。化石燃料が枯渇してしまう将来の時点がおぼろげながら見えてきたためである。

　しかし，「ピークフード」という危機感は広がっていない。食の高度化と人口増によって世界の食料需要が頂点に達するときに，果たして世界の農業が対応できるのかどうか。この危機感は，将来への食料増産の可能性という期待感を込めたあいまいな情報と，具体策のロードマップの策定を先送りにする議論によって，かき消されてきた。

　農業生産の伸び率は落ち込み始め，生産性の伸びを超えて食料需要が大幅に増大する危険がある。価格も上がる可能性はある。しかしながら，農業の生産増と品種開発等への投資を増やせば，危機を回避できる。環境を破壊せずに新たな耕地を開発することは不可能ではない。こうした議論を何度積み重ねてみても，市民の関心が今まで以上に高まることは期待できないだろう。これでは，「ピークオイル」のような危機感と冷静な対処措置の議論も出てこない。

急がれる「90億人の食料確保シンクタンク」の立上げ

　今や21世紀の「新ローマ・クラブ」の立上げが求められている。世界の食料問題を集中的かつじっくりと議論するCOPのような枠組みが求められているのである。多くの機関や組織が，市町村レベルにおいても，多様な「サミッ

ト」を開催しており，「サミット」のような短期間の検討や議論の進め方，「宣言採択」を中心にした広報戦略は，もはや世界レベルでも通用しなくなってきている。少なくとも40年，50年先の食料問題を討議し，解決先を見いだそうとする場にとって，サミット方式はふさわしくない議論の仕組み方になっていると考える。

　以下のような，現在では完全にタブーとなっている議論も展開する必要があるのかもしれない。

　種子，地質，気候，水・肥料等の資源，農業技術など食と農に関係する多様な分野の世界トップレベルの専門家に加え，経済，文化，歴史，政策の専門家，官僚，政治家の代表を一堂に集めた「90億人の食料確保シンクタンク」を，国連決議の下に設置する。FAO が提唱する「70％の食料増産」も含め，複数のシナリオを描いて，それぞれの対応策の具体的なロードマップを明確に策定していくために，数年をかけて研究を継続する。「90億人の食料確保シンクタンク」を，人類を代表して将来の食料問題の解決に挑戦する頭脳集団として位置づけ，その研究と討議の詳細な経過を世界中の学校・研究機関・市民組織・生産者組織等がネットを通じて共有化していく。

　また，シンクタンクには，半世紀先の食料需給にかかわる最悪のケースも含めた想定し得る複数のシナリオの提起を求め，それぞれのシナリオが人類に与える影響に関する最大限の情報公開と，市民がとるべき適切な行動の選択肢を提示することを求めていく。場合によっては，地球上の生産資源を持続的に保全していくためには一定の期間，特定の食料の消費を抑える，消費量に上限を設ける必要が出てくる。あるいは，特定の産物の１か国当たりの輸入シェアに上限を設けることも必要になるかもしれない。

　世界には十分な量の食料が生産されており，問題なのはその配分にあるという議論がある。しかし，毎日4000 kcal も消費している国の市民に，明日から2000 kcal へ抑えるべきだといった話は通用しない。前述したように，投資さ

え増やせばいくらでも農地を開発することはできるという議論もある。

　実際，一部の国の企業が将来の食料危機を見越してアフリカなどの農地を買い占める「ランド・ラッシュ」という動きまで出てきている。ビジネスの社会では通用するプランであっても，果たして実効性はあるのだろうか。少なくとも，「ランド・ラッシュ」のような行動と，国家としての食料安全保障という問題とを同一線上で議論することはあり得ないだろう。Ａという国に農地を確保したＢという国のＣ社が，Ａの国民が飢えに苦しんでいるような状況の下で大規模に食料を持ち出すことが可能なのか。持ち出せたとしても，Ｂの国の市民がその食料を消費することが倫理的に受け入れられるのか。それに，そもそもＣ社がＢの国へ食料を運ぶとは限らない。より収益があがるならＤの国へ運び込むかもしれないのである。

　第１章から述べてきたように，世界の食料生産は，戦争によってさまざまな影響を受けてきた。戦争は多くの国の農業を破壊し，飢餓状態をもたらして道端で子どもが餓死するような悲惨な状況を生み出した。同時に戦争は一部の国に過剰な農業生産をもたらした。しかも，戦後の余剰農産物の処理が長期間にわたって実施されたために，多くの国ではそれぞれの国土や人口増加，均衡ある経済の発展等を見通した農業や食料供給の政策をじっくり検討し，決定していく機会を失ってしまった。さらに，極端な飢えの状態を強いられた多くの国の国民にとっては，飢えからの開放が食のグローバル化へ誘い込まれる道でもあった。

　戦後の危機を乗り越えてすでに半世紀以上が過ぎ，三十数年後には１世紀となる。それまでの間に世界の農業と食料貿易を再び破綻させるようなことを２度と引き起こしてはならない。そのためには，21世紀における「90億人の食料確保シンクタンク」の立上げと，研究の開始に向けた各国指導者の早急な政治判断が求められている。

　市民と農家の再接近が多くの国で始まっている。こうした再接近の広がりが，戦争によってもたらされた農業の歴史を修復していくことにつながると期待するのは，あまりに楽観的すぎると批判されるかもしれない。しかし，世界の農

業の新しい方向を模索する上で，この再接近が1つの力になっていくことはあり得ると確信している。なぜなら，戦争の結果としてもたらされた今の農業の歴史を今後も引き継いでいくとするなら，その先には，生産資源のいっそうの収奪と食料の奪い合いという事態が生じる危険性があり，それは市民にとっても農業生産者にとっても決して利益にならないことだからである。

注と引用・参考文献

（1）Green Peace Press Release, *Landmark Amazon soya moratorium extended*, June 17, 2008
（2）Cargill, *2007 Corporate Citizenship Review Finding the right balance*, 2008, p.12
（http://www.cargill.com/wcm/groups/public/）
（3）USDA, ERS, *Oil Crops Outlook*, August 13, 2008, p.4
（4）FAO, *Global Assessment of Land Degradation and Improvement, GLADA Report 5*, November 2008
（5）FAO, *Conservation Agriculture: Key facts*, February 2009
（6）USDA, News Release, *Agriculture Secretary Vilsack Announces $1.7 Billion in Conservation Reserve Program Rental Payments*, October 7, 2009, p.1
（7）World Bank, *Press Briefing for World Development Report 2008: Agriculture for Development*, October 19, 2007
（http://www.worldbank.org/）
（8）Cargill Web Site, *Financial highlights*, October 2009
（http://www.cargill.com/company/financial/index.jsp）
（9）OECD-FAO, *Agricultural Outlook 2009-2018 Highlights Statistical Tables 2. World Prices (a)*, June 2009
（10）同上（9）の p.11
（11）DEFRA（Department for Environment, Food and Rural Affairs, UK）, *Ensuring the UK's Food Security in a Changing World*, July 2008, p.14
（12）Debra Tropp, USDA, AMS Farmers Market and Direct Marketing Research Branch, *Emerging Opportunity for Local Food in U.S. Consumer Markets*, August, 2008, p.3
（13）同上（12）の p.3
（14）JA総合研究所『野菜・果物の消費行動に関する調査結果—2009年調査』2009年10月 p.20

(15) エリザベス・ヘンダーソン，ロビン・ヴァン・エン，山本きよ子訳『CSA 地域支援型農業の可能性』家の光協会，2008 年，p.15

(16) 薄井寛「農家戸数が増加に転じた米国の『就農』事情」『週刊エコノミスト』2009 年 6 月 16 日号，p.68

(17) 同上（16）のp.68（The Hartford Courant, *More Farms Turning To Community Supported Agriculture*, May 17, 2009, http://www.courant.com/news/local/ より）

(18) U.S. Food and Drug Administration, *Peanut Butter and other Peanut Containing Products Recall*, October 28, 2009, p.1
 (http://www.accessdata.fda.gov/scripts/peanutbutterrecall/)

(19) The Colorado State University, Extension Safe Food Rapid Response Network, *Follow-up Survey Conducted at Colorado Farmers' Markets*, Spring 2008
 (http://www.ext.colostate.edu/safefood/newsltr/v12n1s04.html)

(20) 前掲（12）の p.6

(21) 大地を守る会等のネット情報を参考とした。
 (http://www.daichi.or.jp/start/)

(22) The Hartford Courant, *More Farms Turning To Community Supported Agriculture*, May 17, 2009
 (http://www.courant.com/news/local/)

(23) JUSTFOOD NYC のホームページ等を参考とした。
 (http://www.justfood.org/csa/how-start-csa-nyc)

(24) The White House, Office of the First Lady, Press Release, *Remarks by the First Lady at White House Garden Planting*, April 9, 2009, p.2

(25) USDA Press Release, *Vilsack Establishes the People's Garden Project on Bicentennial of Lincoln's Birthday*, February 12, 2009

(26) American Community Garden Association のホームページ等を参考とした。
 (http://www.communitygarden.org/about-acga/)

(27) USDA Press Release, *Agriculture Secretary Vilsack Establishes First USDA Voluntary Program for the People's Garden Initiative*, August 26, 2009

(28) The White House, Office of the First Lady, Press Release, *Remarks by the First Lady at White House Garden Harvest Party*, June 16, 2009

(29) 2009 年 5 月 29 日付　日本農業新聞より

(30) 島村菜津『スローフードな人生！』新潮社，2000 年，p.251

(31) FAO Press Release, *FAO Head starts hunger strike*, November 11, 2009

(32) FAO, World Summit on Food Security, *Declaration of the World Summit on Food*

Security, Rome 16-18 November, 2009, p.2
(33) International Strategy for Disaster Reduction（国連国際防災戦略），*Top 50 countries*, p.1 を参考とした。
（http://www.unisdr.org/disaster-statistics/top50.htm）
(34) 洪水，高潮，暴風雨，干ばつ，地滑り，高温による山火事，なだれなどの自然災害で，地震，津波，火山爆発，昆虫大発生などの生物災害を除く。
(35) International Strategy for Disaster Reduction, *Disaster occurrence 1991-2005*, July 21, 2006, p.1
（http://www.unisdr.org/disaster-statistics/occurrence-trends-century.htm）
(36) 大来佐武郎監訳『成長の限界―ローマ・クラブ「人類の危機」レポート―』ダイアモンド社，1972年
(37) 同上（36）の p.52
(38) 同上（36）の p.30

著者略歴

薄井　寛（うすい　ひろし）

(社)JA総合研究所理事長
1949年　栃木県生まれ。
1972年　大阪外国語大学外国語学部ビルマ語学科卒業，全国農業協同組合中央会（JA全中）入会。ワシントン連絡事務所長，農政課長，国際対策室長，広報部長などを歴任。この間97～99年，特命休職で国連食糧農業機関（FAO）日本事務所次長を務める。02～07年株式会社日本農業新聞常務取締役を経て，2007年7月から現職。

〈著書〉
『アメリカ農業は脅威か』家の光協会，1988年
『西暦2000年における協同組合』（共訳）日本経済評論社，1989年
『暗闘　ウルグアイ・ラウンド』（ペンネーム宇都宮孝）家の光協会，1991年

JA総研　研究叢書1
2つの「油」が世界を変える
―― 新たなステージに突入した世界穀物市場 ――

2010年2月25日　第1刷発行

著　者　薄井　寛

発行所　社団法人　農山漁村文化協会
郵便番号　107-8668　東京都港区赤坂7丁目6-1
電話　03(3585)1141(営業)　03(3585)1145(編集)
FAX 03(3589)1387　　振替 00120-3-144478
URL http://www.ruralnet.or.jp/

ISBN978-4-540-10133-5　　　　　製作／森編集室
〈検印廃止〉　　　　　　　　　　印刷／(株)平文社
ⓒ薄井寛 2010　　　　　　　　　製本／田中製本印刷(株)
Printed in Japan　　　　　　　　定価はカバーに表示
乱丁・落丁本はお取り替えいたします。

「JA総研 研究叢書」刊行のことば

　日本の食料はどうなるのか，その基盤にある農業・農村はどうなるのか，またそれを支えるはずの農協（JA）はどうなるのか。地球温暖化の危機が叫ばれ，世界の飢餓人口がさらなる拡大をみせ，国際的穀物価格の高騰と変動，加えて世界的不況の深化のなかで，わが国の国民，消費者から熱い視線が注がれている。こうした切実な国民の要望，さらにはそれを支える農民の疑問にどう答えるべきか。

　JA総合研究所（JA総研）は2006年4月1日に発足した若い研究所ではあるが，こうした課題に研究陣の総力をあげて応えるべく「JA総研 研究叢書」の刊行を企画した。そして本叢書全体を貫く基本スタンスとして，時間軸と空間軸を踏まえること，現場の先進的な実態分析に立脚すること，という二つの柱を設定した。

　「農業は生命総合産業であり，農村はその創造の場である」。かねてより我々はこのような基本理念を広く社会に提示してきた。わが国の土地と水を活かし，安心・安全な農畜産物を安定的に国民に供給するのみではなく，国民に豊かな保養・保健空間を提供し，次代を担う子どもたちを農と食の教育力で豊かに育み，先人の伝統文化や智恵の結晶を次世代に伝承するのが農業であり，農村である。その姿と展望を広く国民に知っていただくのが本叢書の意図するところである。

　その場合，「競・共・協」の望ましい基本路線を提示し，その実現のための方向づけを本叢書において行う。「競」とはいうまでもなく現代の社会経済を規定している市場原理である。「共」とは農地，水，森林などの，市場原理のみでは規定できない，あるいは管理すべきではない地域諸資源を維持管理し，文化や技能などの伝統遺産を維持・保全する地域社会であり，「協」とはこれらを基盤にし前提としつつ展開する多様な協同組織とその活動である。その中核に農業協同組合（JA）を位置づけつつ，そのイノベーション（自己革新）を通じて新たな展望を提示しようと考えている。

　読者諸氏の忌憚のないご意見，ご批判を賜れば幸いである。

2010年1月

　　　　　　　　　　　　社団法人JA総合研究所　研究所長　　今村奈良臣

JA全中企画DVD＆ビデオ
地域の再生・希望のよりどころ

──集落営農支援シリーズ地域再生編（全3巻）──

企画／JA全中　制作／農文協・全農映　監修／楠本雅弘　発売／農文協
VHS 25～28分　　DVD 80分　　※DVD版にはVHS全3巻分を1枚に収録
VHS　各巻8000円（税込み）　　DVDは全1枚24000円（税込み）

■第1巻　10年後のムラと田んぼを守るには？
～2階建て方式で進める集落の話し合い

農地を守り安心して住み続けるために，まずは1階の話し合い。合意をもとに多様な担い手（2階）が育つ。

■第2巻　集落法人とJAが描く地域営農戦略
～女性の力と法人間連携で元気な集落

女性の参画を促し，経営を支え合う集落法人の連携づくりを広島県JA三次管内の取り組みに学ぶ。

■第3巻　「地域貢献型」へ進化する集落営農
～集落ぐるみで育む希望の拠りどころ

個別営農を補完しながら福祉活動，祭り，都市農村交流等，共同で活動する場をつくる。多様な人材が能力を発揮する。

──集落営農支援シリーズ法人化編（全3巻）──

企画／JA全中　制作／農文協・全農映　監修／森剛一　発売／農文協
VHS 26～29分　　DVD 83分　　※DVD版にはVHS全3巻分を1枚に収録
VHS　各巻8000円（税込み）　　DVDは全1枚24000円（税込み）
法人設立から経営安定のための実践計画まで，集落での話し合いに最適！

■第1巻　法人化で何をめざすのか？
■第2巻　どのような法人を選ぶのか？
■第3巻　元気な集落をつくる法人へ